AutoCAD 2016 室内设计
实 例 教 程

主　编　刘莉娜　王小萍　徐　银
副主编　王　芳　陈俊锜　阳　燕　黄亚娴
编　委　杜松晏

电子工业出版社
Publishing House of Electronics Industry
北京·BEIJING

内 容 简 介

本书系统地介绍 AutoCAD 2016 中文版的功能和操作技巧,包括 AutoCAD 基础知识和基本操作、二维基本建筑图形、二维复杂建筑图形、二维编辑命令,以及应用与管理图层、图块和图案填充、标注图形文字、标注图形尺寸、综合案例——绘制多居室户型装修布置图等内容。

本书既突出基础性学习,又重视实践性应用,内容的讲解均以课堂案例为主线,每个案例都有详细的操作步骤,读者通过案例操作可以快速熟悉软件功能和室内设计绘图思路。每章的背景知识部分可以帮助读者深入学习软件功能、了解制作特色。部分章节的最后还安排了课堂练习和课后习题,以便尽快提高读者的室内设计绘图水平,拓展读者的实际设计应用能力。

本书可作为高等职业院校室内设计、艺术设计类专业 AutoCAD 2016 课程的教材,也可供初学者自学参考。

未经许可,不得以任何方式复制或抄袭本书之部分或全部内容。
版权所有,侵权必究。

图书在版编目(CIP)数据

AutoCAD 2016 室内设计实例教程 / 刘莉娜,王小萍,徐银主编. —北京:电子工业出版社,2020.1
ISBN 978-7-121-30551-1

Ⅰ. ①A... Ⅱ. ①刘... ②王... ③徐... Ⅲ. ①室内装饰设计－计算机辅助设计－AutoCAD 软件－教材 Ⅳ. ①TU238.2-39

中国版本图书馆 CIP 数据核字(2019)第 290021 号

责任编辑: 祁玉芹
印　　刷: 中国电影出版社印刷厂
装　　订: 中国电影出版社印刷厂
出版发行: 电子工业出版社
　　　　　北京市海淀区万寿路 173 信箱　邮编　100036
开　　本: 787×1092　1/16　印张: 14.75　字数: 359 千字
版　　次: 2020 年 1 月第 1 版
印　　次: 2020 年 1 月第 1 次印刷
定　　价: 39.80 元

凡所购买电子工业出版社图书有缺损问题,请向购买书店调换。若书店售缺,请与本社发行部联系,联系及邮购电话:(010)88254888,88258888。
质量投诉请发邮件至 zlts@phei.com.cn,盗版侵权举报请发邮件至 dbqq@phei.com.cn。
本书咨询联系方式:(010)68253127。

前言

AutoCAD 是由 Autodesk 公司开发的计算机辅助设计软件，它功能强大、易学易用，深受室内设计人员的喜爱，已经成为这一领域最流行的软件之一。目前，我国很多高职院校的室内设计、艺术设计类专业都将 AutoCAD 作为一门重要的专业课程。为了帮助高职院校的教师全面、系统地讲授这门课程，使学生能够熟练地使用 AutoCAD 软件进行室内设计，几位长期在高职院校从事 AutoCAD 教学的教师和专业装饰设计公司经验丰富的设计师，共同编写了本书。

我们对本书的编写结构做了精心的设计，按照"本节任务—背景知识—做中学"的思路进行编排，力求通过课堂案例演练，使学生快速熟悉软件功能和设计制图思路；通过软件功能解析，使学生深入学习软件功能和制作特色；通过课堂练习和课后习题，拓展学生的实际设计应用能力。在内容编写方面，力求做到细致全面、重点突出；在文字叙述方面，注意言简意赅、通俗易懂；在案例选取方面，强调案例的针对性和实用性。

由于编者水平有限，书中难免存在一些不足之处，希望广大读者批评指正。

编者
2019 年 7 月

目 录

第 1 章 AutoCAD 基础知识和基本操作 ············ 1

1.1 操作界面及基本功能 ············ 2
1.1.1 本节任务 ············ 2
1.1.2 背景知识 ············ 2
1.1.3 做中学 ············ 9

1.2 熟悉坐标的输入方法 ············ 12
1.2.1 本节任务 ············ 12
1.2.2 背景知识 ············ 13
1.2.3 做中学 ············ 17

1.3 绘制圆内接五角星图形 ············ 19
1.3.1 本节任务 ············ 19
1.3.2 背景知识 ············ 19
1.3.3 做中学 ············ 23

第 2 章 二维基本建筑图形 ············ 24

2.1 绘制窗户图形 ············ 25
2.1.1 本节任务 ············ 25
2.1.2 背景知识 ············ 25
2.1.3 做中学 ············ 28

2.2 绘制床头柜图形 ············ 29
2.2.1 本节任务 ············ 29
2.2.2 背景知识 ············ 29
2.2.3 做中学 ············ 36

2.3 绘制花式吊灯图形 ············ 38
2.3.1 本节任务 ············ 38

2.3.2 背景知识 ... 38
2.3.3 做中学 ... 40
2.4 课堂练习——绘制燃气灶图形 ... 42
2.5 课后习题——绘制双人床图形 ... 42

第3章 二维复杂建筑图形 ... 43

3.1 绘制坐便器图形 ... 44
 3.1.1 本节任务 ... 44
 3.1.2 背景知识 ... 44
 3.1.3 做中学 ... 46
3.2 绘制浴缸平面图形 ... 48
 3.2.1 本节任务 ... 48
 3.2.2 背景知识 ... 48
 3.2.3 做中学 ... 51
3.3 绘制墙体图形 ... 53
 3.3.1 本节任务 ... 53
 3.3.2 背景知识 ... 54
 3.3.3 做中学 ... 58
3.4 绘制地板拼花图形 ... 64
 3.4.1 本节任务 ... 64
 3.4.2 背景知识 ... 64
 3.4.3 做中学 ... 68
3.5 课堂练习——绘制水池图形 ... 70
3.6 课后习题——绘制洗手池图形 ... 71

第4章 二维编辑命令 ... 72

4.1 绘制衣柜图形 ... 73
 4.1.1 本节任务 ... 73
 4.1.2 背景知识 ... 73
 4.1.3 做中学 ... 81
4.2 绘制单人沙发图形 ... 83
 4.2.1 本节任务 ... 83
 4.2.2 背景知识 ... 84
 4.2.3 做中学 ... 86
4.3 绘制沙发组图形 ... 88
 4.3.1 本节任务 ... 88

		4.3.2 背景知识	89
		4.3.3 做中学	98
	4.4	利用夹点编辑图形对象	101
		4.4.1 本节任务	101
		4.4.2 背景知识	102
		4.4.3 做中学	107
	4.5	课堂练习——绘制电视机图形	110
	4.6	课后习题——绘制餐桌椅图形	111

第5章　应用与管理图层、图块和图案填充 　112

	5.1	创建建筑图层	113
		5.1.1 本节任务	113
		5.1.2 背景知识	113
		5.1.3 做中学	120
	5.2	绘制建筑门窗图形	122
		5.2.1 本节任务	122
		5.2.2 背景知识	122
		5.2.3 做中学	132
	5.3	创建室内地面材质	134
		5.3.1 本节任务	134
		5.3.2 背景知识	135
		5.3.3 做中学	141
	5.4	课堂练习——绘制大理石拼花图形	144
	5.5	课后习题——绘制住宅楼平面布置图形	145

第6章　标注图形文字 　146

	6.1	标注室内装修户型图房间功能	147
		6.1.1 本节任务	147
		6.1.2 背景知识	147
		6.1.3 做中学	153
	6.2	输入文字说明	156
		6.2.1 本节任务	156
		6.2.2 背景知识	157
		6.2.3 做中学	160
	6.3	标注住宅平面图房间面积	162
		6.3.1 本节任务	162

6.3.2 背景知识 162
6.3.3 做中学 164
6.4 绘制标题栏 166
6.4.1 本节任务 166
6.4.2 背景知识 166
6.4.3 做中学 173
6.5 课堂练习——填写结构设计总说明 175
6.6 课后习题——绘制天花图例表 176

第7章 标注图形尺寸 177

7.1 创建"建筑"标注样式 178
7.1.1 本节任务 178
7.1.2 背景知识 178
7.1.3 做中学 185
7.2 标注室内装修户型图尺寸 186
7.2.1 本节任务 186
7.2.2 背景知识 187
7.2.3 做中学 197
7.3 编辑尺寸标注 198
7.3.1 本节任务 198
7.3.2 背景知识 199
7.3.3 做中学 201
7.4 课堂练习——标注天花板大样图材料名称 202
7.5 课后习题——标注行李柜立面图 203

第8章 综合案例——绘制多居室户型装修布置图 204

8.1 【实训1】设置室内设计图的绘图环境 205
8.2 【实训2】绘制多居室户型定位轴线图 210
8.3 【实训3】绘制多居室户型墙体结构图 214
8.4 【实训4】绘制多居室户型家具布置图 222
8.5 【实训5】绘制多居室户型地面材质图 223
8.6 【实训6】标注多居室户型装修图文字注释 224
8.7 【实训7】标注多居室户型装修图尺寸与投影符号 225

参考文献 227

第 1 章

AutoCAD 基础知识和基本操作

学习目标

要熟悉绘图软件的界面,掌握命令的输入方法及坐标的表示方法。本章主要介绍 AutoCAD 的绘图界面、坐标的表示方法及简单绘图命令的使用方法。

主要内容

- ◇ AutoCAD 的绘图界面。
- ◇ 熟悉坐标的表示方法。
- ◇ 熟悉简单的绘图命令。

1.1 操作界面及基本功能

1.1.1 本节任务

要想利用 AutoCAD 软件进行高效的绘图，用户可以根据绘图习惯设置适合自己的工作界面，如显示菜单栏、调整功能区面板和调整命令行的位置等。本节任务是修改工作界面，修改后效果如图 1-1 所示。

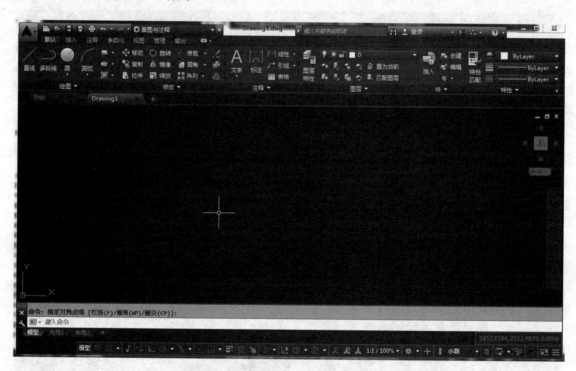

图 1-1 修改工作界面的效果

1.1.2 背景知识

AutoCAD 的操作界面是 AutoCAD 显示、编辑图形的区域。为了便于学习和使用 AutoCAD 2016，并且方便以前版本的用户学习，本书采用如图 1-2 所示的操作界面进行介绍。

第1章 AutoCAD 基础知识和基本操作

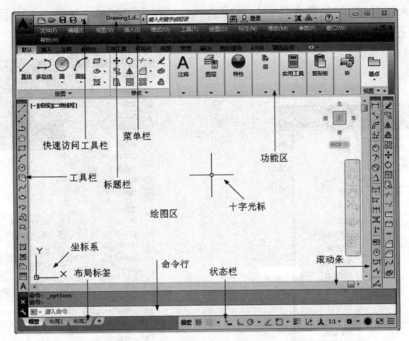

图 1-2　AutoCAD 2016 中文版操作界面

单击操作界面中的"切换工作空间"按钮，在弹出的下拉列表中选择"草图与注释"选项，如图 1-3 所示，系统将转换到 AutoCAD 草图与注释界面。

图 1-3　工作空间转换

一个完整的 AutoCAD 操作界面包括快速访问工具栏、标题栏、绘图区、十字光标、菜单栏、工具栏、坐标系、命令行、状态栏、功能区、布局标签和滚动条等。

1. 标题栏

标题栏位于应用程序窗口的最上面，用于显示当前软件的名称及正在使用的图形文件名等信息，如果是 AutoCAD 默认的图形文件，其名称为 DrawingN.dwg（其中 N 是数字）。单击标题栏右端的 按钮，可以最小化、还原/最大化或关闭程序窗口。

2. 菜单栏

单击"快速访问"工具栏右侧的下拉按钮，在打开的下拉菜单中选择"显示菜单栏"选项，如图 1-4 所示，调出菜单栏。AutoCAD 2016 的菜单栏位于标题栏的下方。与 Windows

程序一样，AutoCAD 的菜单也是下拉形式的，并且包含子菜单，如图 1-5 所示。选择菜单命令是执行各种操作的途径之一。

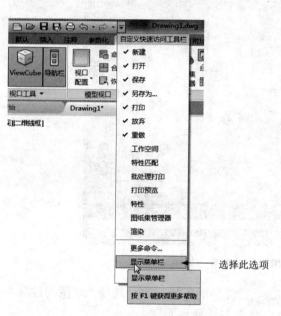

图 1-4 调出菜单栏　　　　　　　　图 1-5 下拉菜单

用户在使用菜单时应注意以下几个方面。

（1）命令后跟有"▶"符号，表示该命令下还有子命令，当将鼠标指针移至该命令时，将自动打开它所包含的子菜单。

（2）命令后跟有"…"符号，表示选择该命令后可打开一个对话框，用户在其中可进行各选项的设置。

（3）命令后没有任何内容，选择该命令可以直接执行一个相应的 AutoCAD 命令，在命令提示行中显示相应的提示。

3. 工具栏

工具栏是 AutoCAD 程序调用命令的另一种方式，也是 AutoCAD 的重要组件之一，它包含许多由图标表示的命令按钮。选择菜单栏中的"工具"|"工具栏"|"AutoCAD"命令，调出所需要的工具栏。当鼠标指针移至按钮上方时，将显示该按钮的名称，单击这些按钮即可执行相应的命令。有些按钮的右下角带有小黑三角形标记，表明它还包含相关命令的弹出图标，单击该按钮，将显示弹出图标，用户可以选择相应的命令。

工具栏是执行各种操作最方便的途径，单击这些按钮即可调用相应的 AutoCAD 命令。AutoCAD 2016 提供几十种工具栏，每一种工具栏都有一个名称。对工具栏的操作说明如下。

（1）固定工具栏：绘图窗口的四周边界为工具栏固定位置，在此位置上的工具栏不显示名称，工具栏的最左端显示一个句柄。

（2）浮动工具栏：拖动固定工具栏的句柄到绘图窗口内，工具栏转变为浮动状态，此时显示工具栏的名称，拖动工具栏的左、右、下边框可以改变工具栏的形状。

（3）打开工具栏：将光标定位到任意工具栏的非标题区并右击，系统会自动打开单独的工具栏标签，如图 1-6 所示。单击某一个未在界面中显示的工具栏名称，系统将自动在界面中打开该工具栏。

（4）弹出式工具栏：有些图标的右下角带有▼符号，表示该图标可弹出工具栏，在其上单击可打开工具下拉列表，按住鼠标左键，将鼠标指针移到某一图标上后释放鼠标，该图标就成为当前图标，如图 1-7 所示。

图 1-6　打开工具栏

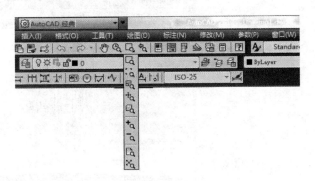

图 1-7　弹出式工具栏

4．绘图区

绘图区是用户进行绘图工作的主要工作区域，用户所有的工作结果都将随时显示在这个窗口中。用户可以根据需要关闭一些不常用的工具栏，以增大工作空间。

系统默认的绘图区域是黑色背景，用户可以根据需要更改背景颜色，具体操作步骤如下。

（1）选择"工具"|"选项"命令，将弹出如图 1-8 所示的"选项"对话框，选择"显

示"选项卡。

（2）在"窗口元素"选项区域中设置"配色方案"为"明"，如图1-8所示。

（3）单击"颜色"按钮，弹出如图1-9所示的"图形窗口颜色"对话框，在"上下文"列表框中选择"二维模型空间"选项，在"界面元素"列表框中选择"统一背景"选项，然后在"颜色"下拉列表框中选择需要的背景颜色，最后单击"应用并关闭"按钮可更改背景颜色。

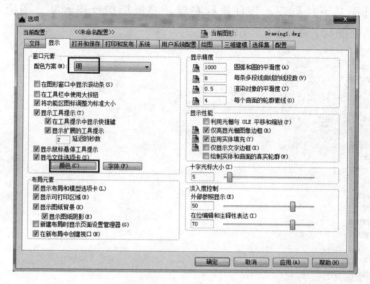

图1-8 "选项"对话框

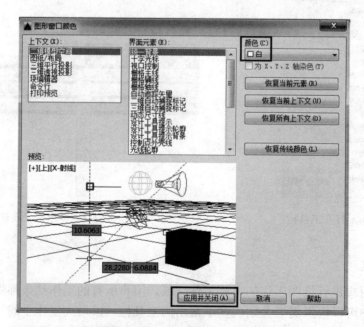

图1-9 "图形窗口颜色"对话框

5. 命令行

命令行窗口位于 AutoCAD 的底部，是用户与 AutoCAD 进行交互对话的窗口。在命令提示下，AutoCAD 接收用户使用各种方式输入的命令，然后显示相应的提示，如命令选项、提示信息和错误信息等，如图 1-10 所示。

图 1-10 命令行窗口

若用户需要查看以前输入所有命令的记录，可以按"F2"键，则 AutoCAD 2016 自动弹出 AutoCAD 文本窗口，该窗口会显示所有输入命令的记录，如图 1-11 所示。

命令行中显示文本的行数可以改变，将光标移至命令行上边框处，待光标变为双箭头后，按住左键拖动即可。命令行的位置可以在操作界面的上方或下方，也可以浮动在绘图区内。将光标移至该窗口左边框处，光标变为箭头后，单击并拖动即可。使用"F2"键或单击命令行窗口最右侧按钮，能放大显示命令行。

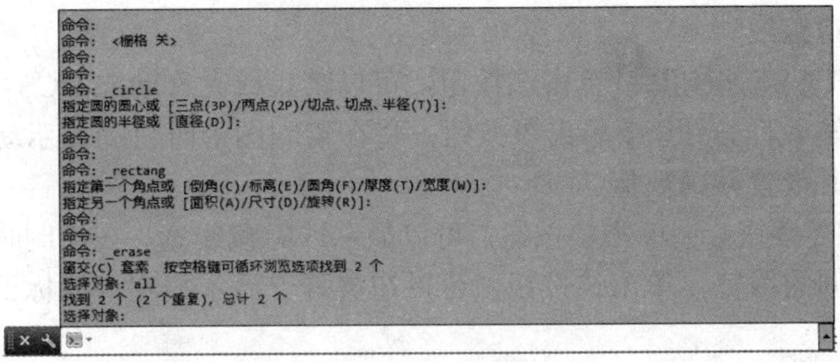

图 1-11 AutoCAD 文本窗口

6. 状态栏和滚动条

状态栏在操作界面的底部，能够显示有关的信息。例如，当光标在绘图区时，显示十字光标的三维坐标；当光标在工具栏的图标按钮上时，显示该按钮的提示信息，如图 1-12 所示。

图 1-12 AutoCAD 状态栏

状态栏中的主要功能按钮简单说明如下。

（1）"模型空间"按钮：单击该按钮可以控制绘图空间的转换。当前图形处于模型空间时，单击该按钮即切换至图纸空间。

（2）"栅格"按钮：单击该按钮，打开或关闭栅格显示；也可以按"F7"键，或者使用 GRIDMODE 系统变量打开或关闭栅格模式。控制栅格的显示，有助于形象化显示距离。

（3）"捕捉模式"按钮：单击该按钮，可以打开或关闭捕捉模式；也可以按"F9"键，或者使用 SNAPMODE 系统变量打开或关闭捕捉模式。该按钮用来控制捕捉位置的不可见矩形栅格，以限制光标仅在指定的 X 和 Y 间隔内移动。

（4）"正交模式"按钮：单击该按钮，可以打开或关闭正交模式，将定点设备的输入限制为水平或垂直（与当前捕捉角度和用户坐标系有关）。

（5）"极轴追踪"按钮：单击该按钮，可以打开或关闭极轴追踪模式。创建或修改对象时，可以使用"极轴追踪"以显示由指定的极轴角度（默认角度测量值为 90°，用户可以设置其他极轴角增量进行追踪）所定义的临时对齐路径。

（6）"二维对象捕捉"按钮：单击该按钮，可以打开或关闭对象捕捉模式。使用二维对象捕捉设置（也称为对象捕捉），可以在对象上的精确位置指定捕捉点。例如，可以捕捉到圆弧、直线的端点，或者捕捉实体或三维面域的最近角点，或者捕捉到圆弧、圆、椭圆或椭圆弧的圆点。

（7）"对象捕捉追踪"按钮：单击该按钮，可以打开或关闭对象捕捉追踪模式。使用对象捕捉追踪设置，当自动捕捉到图形中某个特征点时，再以这个点为基准点沿正交或极轴方向捕捉其追踪线。

（8）"动态 UCS"按钮：单击该按钮，可以禁止或允许动态 UCS（用户坐标系）。

（9）"动态输入"按钮：单击该按钮，将在绘制图形时自动显示动态输入文本框，方便用户在绘图时设置精确数值。

（10）"线宽"按钮：单击该按钮，可以显示或隐藏线宽。在绘制时如果为图层和所绘图形设置了不同的线宽，单击该按钮，可以在屏幕上显示线宽，以标识各种具有不同线宽的对象。

（11）"自定义"按钮：单击该按钮，可以弹出用于设置状态栏工具按钮的菜单，其中带钩标记的选项表示该工具按钮已经在状态栏中打开。

（12）"全屏显示"按钮：单击该按钮，可以清除 AutoCAD 窗口中的工具栏和选项板等界面元素，使 AutoCAD 绘图窗口全屏显示。

7. 快速访问工具栏和交互信息工具栏

（1）快速访问工具栏。快速访问工具栏包括"新建""打开""保存""另存为""打印""放弃""重做"和"工作空间"等常用的工具，用户也可以单击本工具栏后面的下拉按钮设置需要的常用工具。

（2）交互信息工具栏。交互信息工具栏包括"搜索""Autodesk A360""Autodesk Exchange 应用程序""保持连接"和"单击此处访问帮助"等几个常用的数据交互访问工具。

8. 功能区

AutoCAD 2016 包括"默认""插入""注释""参数化""视图""管理""输出""附加模块"和"A360"等功能区，每个功能区集成了相关的操作工具，方便用户的使用。用户除了单击功能区选项后面的按钮控制功能区的展开与收缩外，还可以通过以下命令打开功能区。

① 选择"工具"|"选项板"|"功能区"命令。
② 在命令行输入"Ribbonclose（Ribbon）"命令。

> **提示**
> 　　在 AutoCAD 中进行绘图时，常用的绘图命令输入方法有 4 种：利用菜单方式输入命令、利用工具栏输入命令、利用功能区输入命令、利用命令提示窗口输入命令。例如，绘制直线可采用以下 4 种方法输入命令。
> （1）下拉菜单：选择"绘图"|"直线"命令。
> （2）工具栏：单击"绘图"|"直线"按钮。
> （3）功能区：单击"默认"|"绘图"|"直线"按钮。
> （4）命令行：输入"line（1）"命令。

1.1.3 做中学

（1）启动 AutoCAD 2016，进入操作界面。

（2）在快速访问工具栏中单击"自定义快速访问工具栏"下拉按钮，在弹出的下拉菜单中选择"显示菜单栏"命令，如图 1-13 所示。

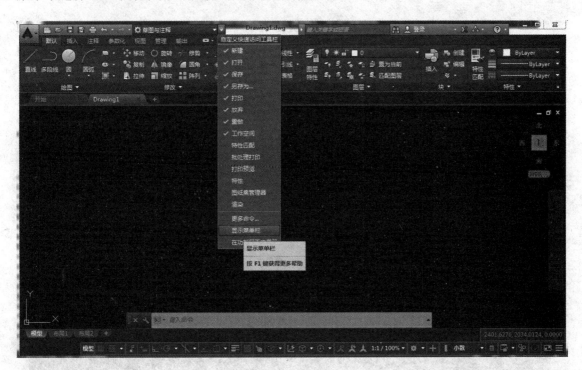

图 1-13　选择"显示菜单栏"命令

（3）在功能区标签栏中右击，在弹出的快捷菜单中选择"显示选项卡"命令，在弹出的子菜单中取消选中"三维工具""可视化""A360""精选应用"等不常用的复选框，即可将对应的功能区隐藏，如图 1-14 所示。

图 1-14 取消要隐藏的功能区选项

（4）在默认功能区中右击，在弹出的快捷菜单中选择"显示面板"命令，在弹出的子菜单中取消选中"组""实用工具""剪贴板""视图"复选框，即可隐藏对应的功能面板，如图 1-15 所示。

图 1-15 取消要隐藏的面板选项

（5）拖动命令行左端的标题按钮，然后将命令行置于窗口左下方的边缘，即可将其紧贴窗口边缘展开，从而显示为传统的命令行样式，如图 1-16 所示。

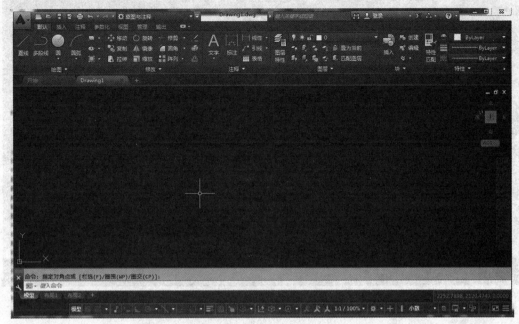

图 1-16　展开命令行

（6）单击功能区标签右侧的最小化为面板按钮，如图 1-17 所示，可以将功能区最小化，从而扩大绘图区域，如图 1-18 所示。

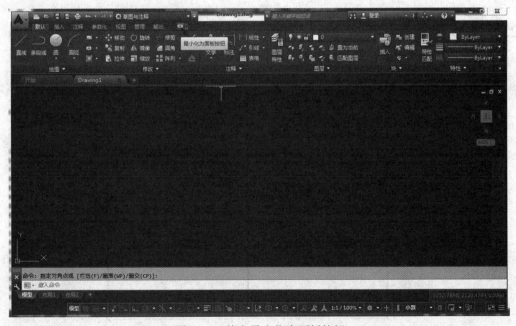

图 1-17　单击最小化为面板按钮

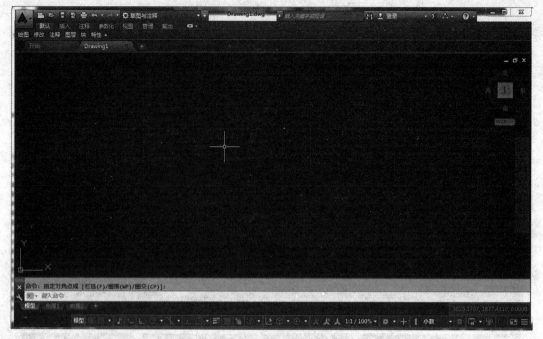

图 1-18　最小化功能区

1.2　熟悉坐标的输入方法

1.2.1　本节任务

绘制窗户立面图，如图 1-19 所示。

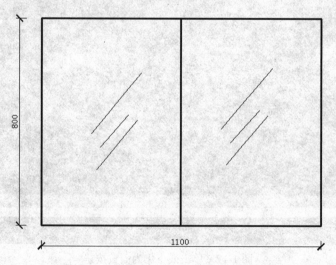

图 1-19　窗户立面图

1.2.2 背景知识

1. 世界坐标系与用户坐标系

AutoCAD 采用两种坐标系,即世界坐标系(WCS)与用户坐标系(UCS)。用户刚进入 AutoCAD 时的坐标系统就是世界坐标系,它既是固定的坐标系统,也是坐标系统中的基准,绘制图形时多数情况下都是在此坐标系统下进行的。打开坐标系的方法有以下几种。

① 下拉菜单:选择"工具"|"新建 UCS"命令。
② 工具栏:单击 UCS 工具栏中的相应按钮。
③ 命令行:输入"UCS"命令。

AutoCAD 有两种视图显示方式:模型空间和图纸空间。模型空间是指单一视图显示法,通常多使用这种方式;图纸空间是指在绘图区域创建图形的多视图,在默认情况下,当前 UCS 和 WCS 重合,如图 1-20(a)所示;模型空间下的坐标系图标通常放在绘图区域左下角,也可以将其放在当前 UCS 的实际坐标原点位置,图 1-20(b)和图 1-20(c)为布局空间下的坐标系图标。

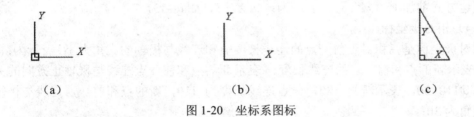

图 1-20 坐标系图标

2. 二维坐标的表示方法

在 AutoCAD 2016 中,点的坐标可以有 4 种表示方法:绝对直角坐标、绝对极坐标、相对直角坐标和相对极坐标,它们的特点如下。

(1)绝对直角坐标。

由一个原点坐标为(0,0)和两个通过原点的、相互垂直的坐标轴构成,如图 1-21 所示。其中,水平方向的坐标轴为 X 轴,以向右为其正方向;垂直方向的坐标轴为 Y 轴,以向上为其正方向。平面上任何一点 P 都可以由 X 轴和 Y 轴的坐标所定义,表示为:x, y。

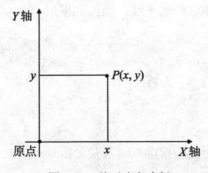

图 1-21 绝对直角坐标

例如，在命令行输入"20, 30"，表示从原点（0,0）出发的 X 为 20、Y 为 30 的点。

（2）绝对极坐标。

绝对极坐标是由一个极点和一个极轴构成的（图 1-22），极轴的正方向为系统设置方向（通常为水平向右）。平面上任何一点 P 都可以由该点到极点的连线长度 L（即极径，$L>0$）和连线与极轴的夹角 α（极角，常设定逆时针方向为正）所定义，表示为：$L<\alpha$，其中"<"后的数值表示角度。例如，点（20<60）表示到极点（0,0）的极径为 20，极角为 60°。

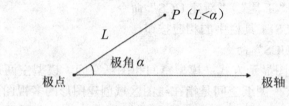

图 1-22　绝对极坐标

（3）相对直角坐标。

相对直角坐标是指新的点相对于前一点的 X 轴和 Y 轴的位移。它的表示方法是在绝对坐标表达方式前加上"@"号，表示为：@X，Y，如@–13，8。

（4）相对极坐标。

相对极坐标是指相对于前一点的连线长度值和连线与极轴的夹角大小，表示为：@$L<\alpha$。其中 L 表示新的点和前一点的连线长度，α 表示新的点和前一点连线与极轴正方向的夹角。例如，@110<30，表示新的点和前一点连线长度为 110，新的点和前一点连线与极轴正方向的夹角为 30°。

3. 二维坐标输入方式

（1）在命令提示窗口直接输入。

在 AutoCAD 2016 中，点的坐标可以使用绝对直角坐标、绝对极坐标、相对直角坐标和相对极坐标来表示。因此，在绘图过程中直接在命令行中按规定的表示方法输入坐标值。

（2）直接距离输入。

利用光标拖动橡皮筋线确定方向，然后输入距离，按"Enter"键确定，这样有利于准确控制对象的长度等参数。

例如，绘制一条长度为 100 的水平线，操作如下：

```
命令：_line 指定第一点：         //选择"直线"命令 ╱，在屏幕绘图区任意单击，指定直线的起点
   指定下一点或 [放弃(U)]: 100   //将鼠标指针放置在水平方向，输入 100，如图 1-23 所示
   指定下一点或 [放弃(U)]:       //按"Enter"键结束命令
```

（3）角度替代方式。

要指定角度替代，在命令提示指定点输入左尖括号（<），其后跟一个角度，具体操作如下：

```
命令：_line 指定第一点：    //选择"直线"命令 ，在屏幕绘图区任意位置单击，指定直线的起点
    指定下一点或 [放弃(U)]：<30   //输入角度
    角度替代：30
    指定下一点或 [放弃(U)]：100   //输入距离值，如图1-24所示
    指定下一点或 [放弃(U)]：   //按"Enter"键结束命令
```

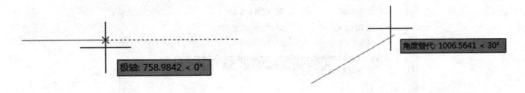

图 1-23　直接距离输入　　　　　　图 1-24　角度替代方式

所指定的角度将锁定光标，替代"栅格捕捉""正交模式"和"极轴捕捉"。坐标输入和对象捕捉优先于角度替代。

（4）动态输入功能。

单击状态栏中的"DYN"按钮，打开动态输入功能，可在屏幕上动态地输入参数。例如，绘制直线，在光标附近会动态地显示"指定第一点"及后面的坐标框，当前显示的是光标所在的位置，可以输入数据，两个数据之间以逗号隔开。指定第一点后，系统显示直线的角度，同时要求输入线段长度值，其效果与相对极坐标的@ *L*<*α* 方式相同。

 输入后必须按"Enter"键结束，坐标中的分隔符","必须为英文状态下的逗号。

4. 对象捕捉方式

使用"对象捕捉"功能可指定对象上的精确位置。例如，使用"对象捕捉"功能可以绘制到圆心或多段线中点的直线。

（1）启动对象捕捉模式。

当任务栏中的"二维对象捕捉"按钮 打开时，自动对象捕捉功能打开。无论何时提示输入点，都可以指定对象捕捉。默认情况下，当光标移到对象的捕捉位置时，将显示标记和工具栏提示，如图 1-25 所示。

可在菜单栏中选择"工具"|"绘图设置"命令，在打开的"草图设置"对话框中，在"对象捕捉"选项卡中设置对象捕捉的类型，如图 1-26 所示。也可在任务栏的"捕捉模式"按钮 上右击，在弹出的快捷菜单中选择"对象捕捉"选项进行设置。

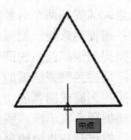

图 1-25　自动对象捕捉功能

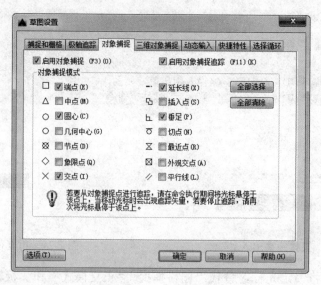

图 1-26　对象捕捉设置

（2）单一捕捉模式。

自动捕捉模式功能一旦开启，就将持续有效。单一捕捉模式设定的功能在指定一个点后就失效了，要想重新指定点就必须重新设定。

单一捕捉模式功能通过"对象捕捉"工具栏来指定，如图 1-27 所示。

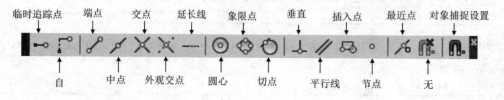

图 1-27　"对象捕捉"工具栏

临时追踪点：创建对象捕捉所使用的临时点。

自：从临时参照点偏移。

端点：捕捉到线段或圆弧的最近点。

中点：捕捉到线段或圆弧等对象的中点。

交点：捕捉到线段、圆弧、圆等对象之间的交点。

外观交点：捕捉到两个对象的外观交点。

延长线：捕捉到直线或圆弧的延长线上的点。

圆心：捕捉到圆或圆弧的圆心。

象限点：捕捉到圆或圆弧的象限点。

切点：捕捉到圆或圆弧的切点。

垂直：捕捉到垂直于线、圆或圆弧上的点。

平行线：捕捉到与指定线平行的线上的点。

插入点：捕捉到块、图形、文字或属性的插入点。

节点：捕捉到节点对象。

最近点：捕捉到离拾取点最近的线段、圆、圆弧或点等对象上的点。

无：关闭对象捕捉模式。

对象捕捉设置：设置自动捕捉模式。

例如，若单击"端点"按钮，则可以捕捉端点；若下次仍需捕捉端点，则需要重新单击"端点"按钮再次捕捉。

（3）从快捷菜单快速指定对象捕捉。

按住"Shift"键并右击，将在光标位置显示对象捕捉菜单，然后从中选择对象捕捉模式，其功能等同于单一捕捉，如图1-28所示。

图1-28 "对象捕捉"快捷菜单

> 提示：AutoCAD的绘图经常需要指定点，在已知某点的坐标值时，采用绝对直角坐标比较方便；当已知两点坐标之间的差值时，采用相对直角坐标；当已知两点间的长度和夹角时，采用相对极坐标；当绘制水平或垂直线时，开启极轴功能，使用直接距离方式比较方便。

1.2.3 做中学

（1）创建图形文件。选择"文件"|"新建"命令，弹出"选择样板"对话框，单击"新建"按钮，创建新的图形文件，保存文件名为"窗户立面图.dwg"。

（2）绘制窗户的外轮廓线。选择"直线"命令 ，绘制窗户的外轮廓线，如图 1-29 所示。

```
命令：_line 指定第一点：      //选择"直线"命令 ，在绘图区内任意一点单击，确定 A 点
指定下一点或 [放弃(U)]：800     //利用直线距离法，拖动鼠标沿水平方向向右，输入距离 1200，
确定 B 点
指定下一点或 [放弃(U)]：1100    //输入距离 1100，确定 C 点
指定下一点或 [闭合(C)/放弃(U)]：800    //输入距离 800，确定 D 点
指定下一点或 [闭合(C)/放弃(U)]：c     //输入闭合选项 c
```

图 1-29　窗户的外轮廓

（3）绘制窗户的垂直线。

选择"工具"|"绘图设置"命令，弹出"草图设置"对话框。在"对象捕捉"选项卡中选中"中点"复选框，如图 1-30 所示。

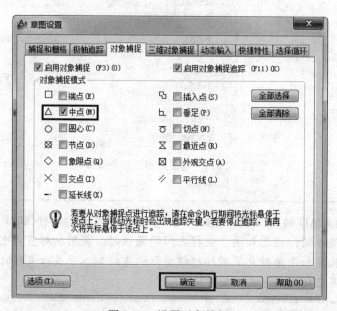

图 1-30　设置对象捕捉

```
命令：_line 指定第一点：      //捕捉线段 AD 的中点
指定下一点或 [放弃(U)]：      //捕捉线段 BC 的中点
指定下一点或 [放弃(U)]：      //按"Enter"键结束命令
再次选择"直线"命令绘制斜线表示玻璃的纹理
```

命令：zoom //输入缩放视图命令，全部显示图形
指定窗口的角点，输入比例因子 (nX 或 nXP)，或者
[全部(A)/中心(C)/动态(D)/范围(E)/上一个(P)/比例(S)/窗口(W)/对象(O)]<实时>： a //选择全部选项 a

1.3 绘制圆内接五角星图形

1.3.1 本节任务

绘制如图 1-31 所示的图形，通过该任务，掌握图形的缩放和实时平移，熟悉直线、圆、多边形、删除、重做命令的使用，以及对象捕捉功能的使用。

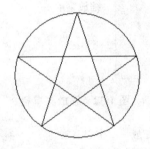

图 1-31 圆内接五角星图形

1.3.2 背景知识

1. 缩放视图

在 AutoCAD 2016 中，通过缩放视图和平移视图功能，可以灵活地观察图形的整体效果或局部细节。

缩放视图可以增加或减少图形对象的屏幕显示尺寸，同时对象的真实尺寸保持不变。通过改变显示区域和图形对象的大小，用户可以更准确、细致地绘图。

缩放视图的方式有很多种，在不同的情况下可以采用不同的方式。缩放视图命令的调用方式有以下 3 种。

① 下拉菜单：选择"视图"|"缩放"命令，在弹出的下拉菜单中选择需要的命令。
② 工具栏：单击"标准"|"窗口缩放"按钮 ，在弹出的选项列表中选择需要的缩放按钮。
③ 命令行：输入"zoom（z）"命令。

选择"视图"|"缩放"命令中的子命令，或者单击"缩放"工具栏中的按钮可以缩放视图，如图 1-32 和图 1-33 所示。

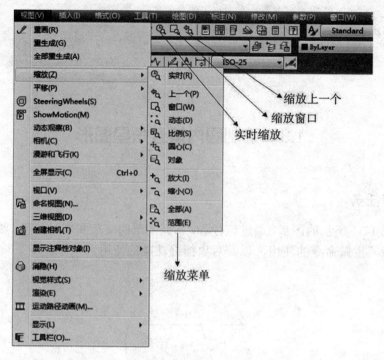

图1-32 缩放菜单栏

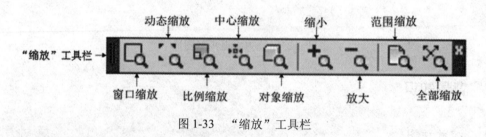

图1-33 "缩放"工具栏

启动zoom命令后,命令行操作如下。

```
命令: zoom   //输入"zoom"命令
指定窗口的角点,输入比例因子 (nX 或 nXP),或者
[全部(A)/中心(C)/动态(D)/范围(E)/上一个(P)/比例(S)/窗口(W)/对象(O)] <实时>: a
//选择全部缩放方式
```

其中的选项说明如下。

（1）全部（A）：在当前视口中缩放显示整个图形。在平面视图中,所有图形将被缩放到栅格界限和当前范围两者中较大的区域中。在三维视图中,"全部缩放"选项与"范围缩放"选项等效,即使图形超出了栅格界限也能显示所有对象。

（2）中心（C）：缩放显示由中心点和放大比例（或高度）所定义的窗口决定。高度值较小时,增加放大比例；高度值较大时,减小放大比例。

（3）动态（D）：缩放显示在视图框中的部分图形。视图框表示视口,可以改变它的大小,或者在图形中移动。移动视图框或调整它的大小,将其中的图像平移或缩放,以充满整个视口。

（4）范围（E）：缩放以显示图形范围并使所有对象最大化显示。

（5）上一个（P）：缩放显示上一个视图。最多可恢复此前的 10 个视图。

（6）比例（S）：以指定的比例因子缩放显示。

（7）窗口（W）：缩放显示由两个角点定义的矩形窗口框定的区域决定。

（8）对象（O）：缩放以尽可能大地显示一个或多个选定的对象，并使其位于绘图区域的中心。可以在启动 zoom 命令前后选择对象。

（9）实时：在逻辑范围内交互缩放。

滚动鼠标的滚轮能方便地实现视图的缩放。

2. 平移视图

当图形过大在绘图区不能完全显示时，可以采用平移视图的方法，在不改变视图大小的情况下直接观察图形。平移视图命令的调用方式有如下 3 种。

① 下拉菜单：选择"视图"|"平移"命令。

② 工具栏：单击"标准"|"实时平移"按钮 。

③ 命令行：输入"pan（p）"命令。

选择"视图"|"平移"命令中的子命令，或者单击"实时平移"按钮可以缩放视图，如图 1-34 所示。

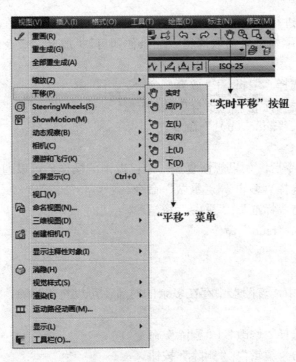

图 1-34 "平移"菜单和工具栏

> 提示：按住鼠标的中键能方便地实现视图的平移。

3. 退出正在执行的命令

在使用 AutoCAD 绘制图形的过程中，按"Esc"键或"Enter"键可以随时退出正在执行的命令。当按"Esc"键时，将取消并结束命令；当按"Enter"键时，则确定命令的执行并结束命令。

4. 重复执行上一次执行的命令

在执行一个命令的操作后，要再次执行该命令，可以通过以下3种方法快速实现。

① 按"Enter"键：在一个命令执行完成后，紧接着按"Enter"键，即可再次执行上一次执行的命令。

② 单击鼠标右键：若用户设置了禁用右键快捷菜单，可在前一个命令执行完成后，紧接着单击鼠标右键，即可继续执行前一个操作命令。

③ 按方向键"↑"：按方向键"↑"，可依次向上翻阅前面在命令行中所输入的数值或命令，当出现用户所执行的命令后，按"Enter"键即可执行。

5. 放弃和重做

（1）"放弃"命令。

使用 AutoCAD 进行图形的绘制和编辑时，难免会出现错误，在出现错误时，不必重新对图形进行绘制或编辑，只需取消错误的操作即可。"放弃"命令的输入方式有以下3种。

① 下拉菜单：选择"编辑"|"放弃"命令。
② 工具栏：单击"标准"|"放弃"按钮。
③ 命令行：输入"undo（u）"命令。

（2）"重做"命令。

取消已执行的命令后，如果想恢复上一个已取消的操作，可以通过以下3种方式。

① 下拉菜单：选择"编辑"|"重做"命令。
② 工具栏：单击"标准"|"重做"按钮。
③ 命令行：输入"redo"命令。

6. 删除命令

在创建图形过程中，若图形中存在多余的对象，可以将其删除。删除图形命令的调用方式主要有以下3种。

① 下拉菜单：选择"修改"|"删除"命令。
② 工具栏：单击"编辑"|"删除"按钮。
③ 命令行：输入"erase（e）"命令。

启动 erase 命令后，命令行给出如下提示：

```
命令：_erase    //选择"删除"命令
选择对象：      //选择删除的对象
选择对象：      //按"Enter"键结束命令
```

1.3.3 做中学

（1）创建图形文件，保存文件名为"圆内接五角星.dwg"。
（2）选择"圆"命令，绘制一个半径为 100 的圆。

```
命令：_circle 指定圆的圆心或 [三点(3P)/两点(2P)/切点、切点、半径(T)]：    //选择"圆"
命令，在绘图区单击一点作为圆心
指定圆的半径或 [直径(D)]: 100   //指定圆的半径
```

（3）选择"正多边形"命令，绘制正五边形，结果如图 1-35（a）所示。

```
命令：_polygon 输入侧面数 <4>: 5  //选择"正多边形"命令，输入边数
指定正多边形的中心点或 [边(E)]: _cen 于    //捕捉圆的圆心
输入选项 [内接于圆(I)/外切于圆(C)] <I>: I   //输入选项"内接与圆"
指定圆的半径: 100   //指定圆的半径
```

（4）选择"直线"命令，连接五边形的各个端点，结果如图 1-35（b）所示。

```
命令：_line 指定第一点：      //选择"直线"命令，捕捉 A 点
指定下一点或 [放弃(U)]：      //捕捉 B 点
指定下一点或 [放弃(U)]：      //捕捉 C 点
指定下一点或 [闭合(C)/放弃(U)]：  //捕捉 D 点
指定下一点或 [闭合(C)/放弃(U)]：  //捕捉 E 点
指定下一点或 [闭合(C)/放弃(U)]：  //按"Enter"键结束命令
```

（5）选择"删除"命令，删除多边形，结果如图 1-35（c）所示。

```
命令：_erase    //选择"删除"命令
选择对象：找到 1 个  //选择正五边形
选择对象：      //按"Enter"键结束命令
```

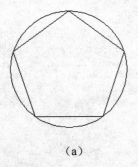 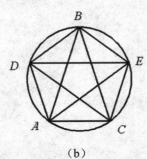 

（a） （b） （c）

图 1-35 圆内接五角星图形的绘制

第 2 章

二维基本建筑图形

学习目标

掌握基本建筑图形的绘制方法，熟悉直线、圆、圆弧、点、定数等分和定距等分的绘制等，为绘制复杂的建筑工程图打下良好的基础。

主要内容

- ◇ 绘制直线、射线和构造线。
- ◇ 绘制矩形、圆、圆弧和圆环。
- ◇ 绘制点、定数等分和定距等分。

2.1 绘制窗户图形

2.1.1 本节任务

利用"直线"命令 ∕ 绘制窗户图形，结果如图2-1所示。

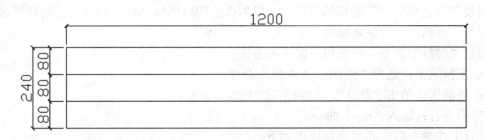

图2-1 窗户图形

2.1.2 背景知识

"直线"命令主要包括"直线""射线"和"构造线"命令，是AutoCAD中最简单的绘图命令之一。

1. "直线"命令

"直线"命令一次可绘制一条线段，也可以连续绘制多条线段，直线段是由起点和终点来确定的，可以通过鼠标或键盘来决定起点或终点。

启动直线命令，可使用下面4种方法。

① 下拉菜单：选择"绘图"|"直线"命令。
② 工具栏：单击绘图工具栏中的"直线"按钮 ∕ 。
③ 功能区：单击绘图面板中的"直线"按钮 ∕ 。
④ 命令行：输入"line（l）"命令。

执行上述命令后，命令行操作如下。

```
命令：_line   //选择"直线"命令 ∕
指定第一点：   //输入直线段的起点，用光标指定点或给定点的坐标
指定下一点或 [放弃(U)]：   //输入直线段的端点，也可以指定一定角度后，直接输入直线段的长度
指定下一点或 [放弃(U)]：   //输入下一直线段的端点。输入"U"表示放弃前面的输入；右击或按"Enter"键，结束命令
指定下一点或 [闭合(C)/放弃(U)]：   //输入下一直线段的端点，输入"C"使图形闭合，命令结束；或者按"Enter"键结束命令
```

选项说明如下。

（1）放弃（U）：放弃前一线段的绘制，重新确定点的位置，继续绘制直线。

（2）闭合（C）：在当前点和起点之间绘制直线段，使线段闭合，命令结束。

（3）若设置动态数据输入方式（单击状态栏中的"DYN"按钮），则可以动态输入坐标或长度值。下面介绍的命令同样可以设置动态数据输入方式，效果与非动态数据输入方式类似。除了特别需要外（以后不再强调），否则只按非动态数据输入方式输入相关数据。

2．"射线"的绘制

射线可以创建单向无限长的直线，一般用作绘图时的辅助线。例如，在根据平面图画立面图时，可以用来绘制辅助线。

启动"射线"命令，可使用下面 3 种方法。

① 下拉菜单：选择"绘图"|"射线"命令。

② 功能区：单击"默认"|"绘图"|"射线"按钮 ↗。

③ 命令行：输入"ray"命令。

执行上述命令后，其命令行操作如下。

```
命令：_ray        //选择"绘图"|"射线"命令
指定起点：        //指定射线的起点
指定通过点：      //指定射线要经过的另一点，画出射线
指定通过点：      //继续指定通过点创建其他射线
```

所有后续射线都经过第一个指定点，按"Enter"键结束命令。

操作步骤主要有两步：一是指定射线的"起点"；二是指定射线的"通过点"。最后按"Enter"键结束操作，如图 2-2 所示。

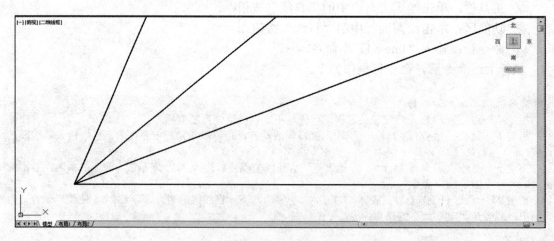

图 2-2　绘制射线

3. "构造线"的绘制

构造线可以创建双向无限长的直线,一般用作绘图时的辅助线。例如,在建筑平面图进行三道平行尺寸标注时,可以使用构造线作为辅助线,避免了追踪的麻烦。

启动"构造线"命令,可使用下面4种方法。

① 下拉菜单:选择"绘图"|"构造线"命令。
② 工具栏:单击"绘图"|"构造线"按钮。
③ 功能区:单击"默认"|"绘图"|"构造线"按钮。
④ 命令行:输入"xline(xl)"命令。

执行上述命令后,其命令行操作如下。

```
命令:_xline    //选择"构造线"命令↙
指定点或 [水平(H)/垂直(V)/角度(A)/二等分(B)/偏移(O)]:    //输入或拾取构造线的指定点或指定构造线的形式
指定通过点:    //输入或拾取构造线的通过点,绘制一条双向无限长直线
```

选项说明如下。

(1) 水平(H):绘制通过指定点的水平构造线。
(2) 垂直(V):绘制通过指定点的垂直构造线。
(3) 角度(A):绘制通过指定点与 X 轴或指定直线成一定角度的构造线。
(4) 二等分(B):绘制角平分线。
(5) 偏移(O):绘制与指定直线平行且偏移一定距离的构造线。

> **提示** 本命令操作步骤主要有两步:一是指定构造线的"起点";二是指定构造线的"通过点"。

【构造线命令使用举例】使用构造线绘制如图 2-3 所示的图形,具体操作步骤如下。

(1) 过 A、B、C 三点分别绘制具有倾斜角度的无限长直线,如图 2-3(a)所示。

```
命令:_xline    //单击"构造线"按钮
指定点或 [水平(H)/垂直(V)/角度(A)/二等分(B)/偏移(O)]: A    //选择"角度"选项
输入构造线的角度 (0)或 [参照(R)]: 45    //输入构造线的角度为 45°
指定通过点: <对象捕捉 开>    //捕捉端点 A
指定通过点:    //捕捉端点 B
指定通过点:    //捕捉端点 C
指定通过点:    //按"Enter"键结束命令
```

(2) 绘制∠ BAC 的平分线 AD,如图 2-3(b)所示。

```
命令:_xline    //单击"构造线"按钮
指定点或 [水平(H)/垂直(V)/角度(A)/二等分(B)/偏移(O)]: B    //选择"二等分"选项
指定角的顶点: <对象捕捉 开>    //捕捉角的顶点 A
```

指定角的端点：	//捕捉角的端点 B
指定角的端点：	//捕捉角的端点 C，得∠BAC 平分线 AD
指定角的端点：	//按"Enter"键结束命令

（3）绘制与直线 AB 平行且偏移距离为 20 的无限长直线，如图 2-3（c）所示。

命令：_xline	//单击"构造线"按钮
指定点或 [水平(H)/垂直(V)/角度(A)/二等分(B)/偏移(O)]：O	//选择"偏移"选项
指定偏移距离或 [通过(T)] <1.0000>：20	//输入偏移距离 20
选择直线对象：	//选择直线 AB
指定向哪侧偏移：	//单击直线 AB 上侧一点

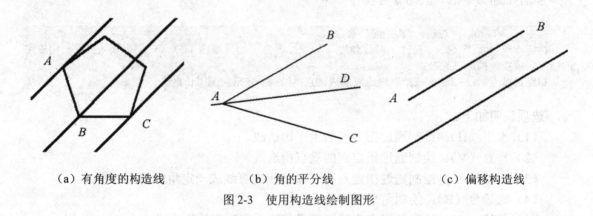

（a）有角度的构造线　　　　（b）角的平分线　　　　（c）偏移构造线

图 2-3　使用构造线绘制图形

2.1.3　做中学

（1）创建图形文件，保存文件名为"窗户.dwg"。

（2）绘制外轮廓线。选择"直线"命令，绘制窗户的外轮廓线，如图 2-4 所示。其命令行操作如下。

命令：_line 指定第一点：	//选择"直线"命令，在绘图区内任意一点单击
指定下一点或 [放弃(U)]：1200	//利用直接距离方式，拖动鼠标沿水平方向向右，输入距离 1200
指定下一点或 [放弃(U)]：240	//拖动鼠标沿垂直方向向下，输入距离 240
指定下一点或 [闭合(C)/放弃(U)]：1200	//拖动鼠标沿水平方向向左，输入距离 1200
指定下一点或 [闭合(C)/放弃(U)]：c	//选择"闭合"选项，按"Enter"键结束命令

（3）绘制内轮廓线。选择"直线"命令，绘制窗户的内轮廓线，完成后效果如图 2-5 所示。

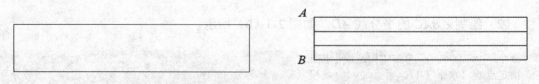

图 2-4　窗户外轮廓线　　　　　　　　图 2-5　窗户内轮廓线

操作步骤如下。

设置捕捉方式。打开"草图设置"对话框,在其中选择"对象捕捉"选项卡,选中"端点"和"垂足"复选框,如图2-6所示。

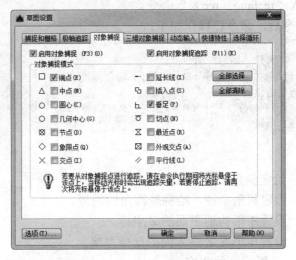

图2-6 "草图设置"对话框

```
命令:_line 指定第一点:80         //选择"直线"命令 ,捕捉端点A,输入偏移值
指定下一点或 [放弃(U)]:          //捕捉垂足点
指定下一点或 [放弃(U)]:          //按"Enter"键结束命令
命令:_line 指定第一点: 80        //选择"直线"命令 ,捕捉端点B,输入偏移值
指定下一点或 [放弃(U)]:          //捕捉垂足点
指定下一点或 [放弃(U)]:          //按"Enter"键结束命令
```

2.2　绘制床头柜图形

2.2.1　本节任务

利用"圆"命令 、"直线"命令 和"矩形"命令 绘制床头柜图形,如图2-7所示。

2.2.2　背景知识

1. "矩形"命令

使用"矩形"命令不仅可以绘制出标准矩形,还可以绘制出具有圆角或倒角效果的矩形。启动"矩形"命令有以下4种方法。

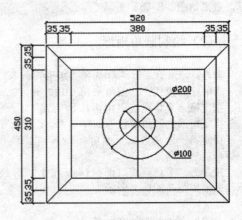

图2-7　床头柜图形

① 下拉菜单：选择"绘图"|"矩形"命令。
② 工具栏：单击"绘图"|"矩形"按钮▭。
③ 功能区：单击"默认"|"绘图"|"矩形"按钮▭。
④ 命令行：输入"rectang（rec）"命令。

启动"矩形"命令后，命令行操作如下。

```
命令：_rectang   //选择"矩形"命令↵
指定第一个角点或 [倒角(C)/标高(E)/圆角(F)/厚度(T)/宽度(W)]：  //在绘图区单击一点作为矩形其中一个角点的位置
指定另一个角点或 [面积(A)/尺寸(D)/旋转(R)]：@100,-50  //输入矩形另一个角点的相对坐标，效果如图2-8（a）所示
```

选项说明如下。
（1）倒角（C）：给定倒角距离，绘制带倒角的矩形。
（2）圆角（F）：给定圆角半径，绘制带圆角的矩形。
（3）标高（E）：设置矩形构造平面的 Z 坐标。
（4）厚度（T）：设置矩形在 Z 轴方向的延伸厚度。
（5）宽度（W）：设置矩形的宽度。
（6）面积（A）：已知矩形的面积及一边的长度绘制矩形。
（7）尺寸（D）：已知矩形的长度及宽度绘制矩形。
（8）旋转（R）：设置矩形绕 X 轴旋转的角度。

【矩形举例】除标准矩形外，还可以绘制其他矩形，如图2-8所示。
（1）绘制倒角矩形。

```
命令：_rectang   //选择"矩形"命令↵
指定第一个角点或 [倒角(C)/标高(E)/圆角(F)/厚度(T)/宽度(W)]：c   //输入参数c
指定矩形的第一个倒角距离 <0.0000>：10   //输入倒角距离1
指定矩形的第二个倒角距离 <10.0000>：10   //输入倒角距离2
指定第一个角点或 [倒角(C)/标高(E)/圆角(F)/厚度(T)/宽度(W)]：  //在绘图区拾取一点作为矩形的一个角点
指定另一个角点或 [面积(A)/尺寸(D)/旋转(R)]：@100,-50   //输入矩形另一个角点的相对坐标，效果如图2-8（b）所示
```

（2）绘制圆角矩形。

```
命令：_rectang   //选择"矩形"命令↵
当前矩形模式：  倒角=10.0000 x 10.0000   //当前为倒角矩形模式
指定第一个角点或 [倒角(C)/标高(E)/圆角(F)/厚度(T)/宽度(W)]：f   //输入参数f
指定矩形的圆角半径 <10.0000>：10   //输入圆角距离
指定第一个角点或 [倒角(C)/标高(E)/圆角(F)/厚度(T)/宽度(W)]：  //在绘图区拾取一点作为矩形的一个角点
指定另一个角点或 [面积(A)/尺寸(D)/旋转(R)]：@100,-50   //输入矩形另一个角点的相对坐标，效果如图2-8（c）所示
```

（3）绘制带宽度的矩形。

```
命令：_rectang   //选择"矩形"命令↵
当前矩形模式：  圆角=10.0000   //当前为圆角矩形模式
指定第一个角点或 [倒角(C)/标高(E)/圆角(F)/厚度(T)/宽度(W)]: f   //输入参数 f
指定矩形的圆角半径 <10.0000>: 0   //输入圆角距离
指定第一个角点或 [倒角(C)/标高(E)/圆角(F)/厚度(T)/宽度(W)]: w   //输入参数 w
指定矩形的线宽 <0.0000>: 5   //输入矩形的线宽
指定第一个角点或 [倒角(C)/标高(E)/圆角(F)/厚度(T)/宽度(W)]:   //在绘图区拾取一点作为矩形的一个角点
指定另一个角点或 [面积(A)/尺寸(D)/旋转(R)]: @100,-50   //输入矩形另一个角点的相对坐标，效果如图 2-8（d）所示
```

提示：在修改绘图的参数后，下一次绘制就会保持上一次的参数。因此，如果之前有修改绘图的参数操作，下一次要使用默认的参数时，就需要重新设置绘图参数，包括矩形的圆角半径、倒角值、宽度，以及其他图形的参数。

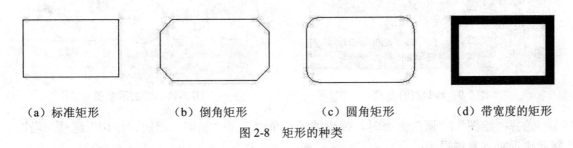

（a）标准矩形　　　　（b）倒角矩形　　　　（c）圆角矩形　　　　（d）带宽度的矩形

图 2-8　矩形的种类

2. "圆"命令

圆是建筑工程图中另一种使用最多的基本实体，可以用来表示轴圈编号、详图符号等。AutoCAD 2016 提供了 6 种绘制圆的方式，以满足不同条件下绘制圆的要求，这些方式是通过圆心、半径、直径和圆上的点等参数来控制的。

启动"圆"命令，可使用以下 4 种方法。

① 下拉菜单：选择"绘图"|"圆"命令，在弹出的子菜单中所需的命令。
② 工具栏：单击"绘图"|"圆"按钮⊙。
③ 功能区：单击"默认"|"绘图"|"圆"按钮⊙。
④ 命令行：输入"circle（c）"命令。

启动"圆"命令后，命令行操作如下。

```
命令：_ circle   //选择"圆"命令⊙
指定圆的圆心或 [三点(3P)/两点(2P)/切点、切点、半径(T)]:   //指定圆心
指定圆的半径或 [直径(D)]:   //输入半径值
```

选项说明如下。

在命令行窗口的提示中或绘制圆的子菜单中选择相应的命令,有 6 种不同的绘图方法，如图 2-9 所示。

其选项说明如下。

(1) 圆心、半径（R）：给定圆的圆心及半径绘制圆，如图 2-10（a）所示。

(2) 圆心、直径（D）：给定圆的圆心及直径绘制圆，如图 2-10（b）所示。

(3) 两点（2P）：给定圆的直径上两端点绘制圆，如图 2-10（c）所示。

(4) 三点（3P）：给定圆的任意三点绘制圆，如图 2-10（d）所示。

(5) 相切、相切、半径（T）：给定与圆相切的两个对象和圆的半径绘制圆，如图 2-10（e）所示。

(6) 相切、相切、相切（A）：给定与圆相切的 3 个对象绘制圆，如图 2-10（f）所示。

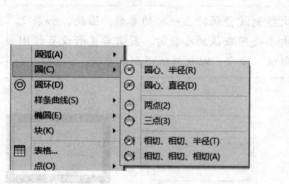

图 2-9　绘制圆的方式

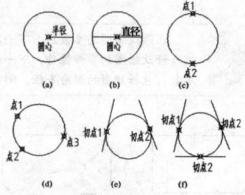

图 2-10　圆的示意图

选择"绘图" | "圆"命令时，弹出的子菜单中多了"相切、相切、相切"选项，当选择此选项时，系统提示：

```
指定圆上的第一个点：_tan 到（指定相切的第一个圆弧）
指定圆上的第二个点：_tan 到（指定相切的第二个圆弧）
指定圆上的第三个点：_tan 到（指定相切的第三个圆弧）
```

【"圆"命令使用举例】进行绘制圆练习，结果如图 2-11 所示。

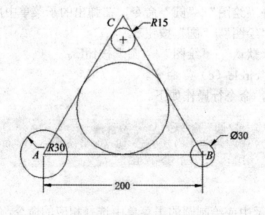

图 2-11　绘制圆练习

具体操作步骤如下。
(1) 创建图形文件，保存文件名为"圆练习.dwg"。
(2) 绘制三角形。选择"直线"命令 ╱ 。

```
命令: _line 指定第一点：     //选择"直线"命令 ╱，确定 A 点
指定下一点或 [放弃(U)]: 200   //直线距离输入 200，确定 B 点
指定下一点或 [放弃(U)]: @200<120  //输入 C 点的相对坐标
指定下一点或 [闭合(C)/放弃(U)]: c  //输入闭合选项
```

(3) 绘制 3 个圆。

```
命令: _circle 指定圆的圆心或 [三点(3P)/两点(2P)/切点、切点、半径(T)]:   //选择"圆"命令 ⊙，捕捉 A 点作为圆心
指定圆的半径或 [直径(D)]: 30  //输入半径值
```

```
命令: _circle 指定圆的圆心或 [三点(3P)/两点(2P)/切点、切点、半径(T)]:   //选择"圆"命令 ⊙，捕捉 B 点作为圆心
指定圆的半径或 [直径(D)] <30.0000>: d  //输入直径选项
指定圆的直径 <60.0000>: 30  //输入直径值
```

```
命令: _circle 指定圆的圆心或 [三点(3P)/两点(2P)/切点、切点、半径(T)]: _3p 指定圆上的第一个点: _tan 到   //选择"绘图"|"圆"|"相切,相切,相切"命令，第一个切点捕捉直线 AB 的切点
指定圆上的第二个点: _tan 到   //第二个切点捕捉直线 BC 的切点
指定圆上的第三个点: _tan 到   //第三个切点捕捉直线 AC 的切点
```

3. "圆弧"的绘制

圆弧是图形中重要的实体，AutoCAD 提供了多种不同的绘制圆弧的方式，这些方式是根据起点、方向、中点、角度、端点、长度等控制点来确定的。

启动"圆弧"命令，可使用以下 4 种方法。
① 下拉菜单：选择"绘图"|"圆弧"命令，在弹出的子菜单中选择所需命令。
② 工具栏：单击"绘图"|"圆弧"按钮 ⌒ 。
③ 功能区：单击"默认"|"绘图"|"圆弧"按钮 ⌒ 。
④ 命令行：输入"arc（a）"命令。

启动"圆弧"命令后，命令行操作如下。

```
命令: arc  //选择"圆弧"命令 ⌒
指定圆弧的起点或 [圆心(C)]:   //指定圆弧的起点
指定圆弧的第二个点或 [圆心(C)/端点(E)]:   //指定圆弧的第二点
指定圆弧的端点:   //指定圆弧的第三点
```

在命令行窗口的提示中或绘制圆弧的子菜单中选择相应的命令，有 11 种不同的绘图方式，如图 2-12 所示。

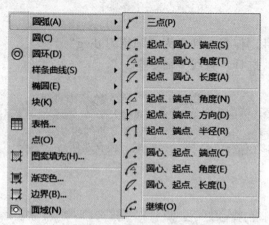

图 2-12 绘制圆弧的方式

其选项说明如下。

（1）三点（P）：指定圆弧上的起点、通过第二个点和端点绘制圆弧，如图 2-13 所示。

（2）起点、圆心、端点（S）：指定圆弧的起点、圆心和端点绘制圆弧，如图 2-14 所示。

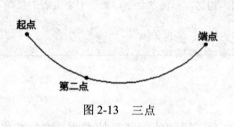

图 2-13 三点

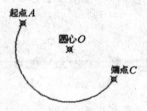

图 2-14 起点、圆心和端点

（3）起点、圆心、角度（T）：指定圆弧的起点、圆心和包含角度绘制圆弧。若角度为正，则按逆时针方向绘制圆弧；若角度为负，则按顺时针方向绘制圆弧，如图 2-15 所示。

（4）起点、圆心、长度（A）：指定圆弧的起点、圆心和长度绘制圆弧，如图 2-16 所示。

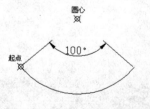

图 2-15 起点、圆心和角度

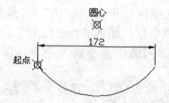

图 2-16 起点、圆心和长度

（5）起点、端点、角度（N）：指定圆弧的起点、端点和包含角度绘制圆弧，如图 2-17 所示。

（6）起点、端点、方向（D）：指定圆弧的起点、端点和给定起点的切线方向绘制圆弧，如图 2-18 所示。

（7）起点、端点、半径（R）：指定圆弧的起点、端点和半径绘制圆弧，如图 2-19 所示。

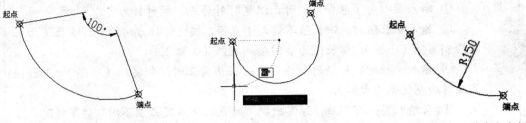

图 2-17　起点、端点和角度　　　图 2-18　起点、端点和方向　　　图 2-19　起点、端点和半径

（8）圆心、起点、端点（C）：指定圆弧的圆心、起点和端点绘制圆弧，如图 2-20 所示。

（9）圆心、起点、角度（E）：指定圆弧的圆心、起点和包含角度绘制圆弧，如图 2-21 所示。

（10）圆心、起点、长度（L）：指定圆弧的圆心、起点和长度绘制圆弧，如图 2-22 所示。

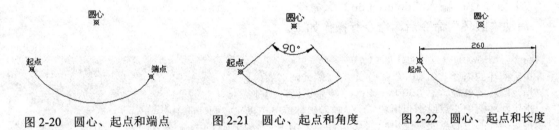

图 2-20　圆心、起点和端点　　　图 2-21　圆心、起点和角度　　　图 2-22　圆心、起点和长度

（11）继续（O）：以前一对象的终点为起点，绘制与前一对象相切的圆弧，如图 2-23 所示。

图 2-23　继续

弧形墙体或门扇是建筑绘图中最常见的圆弧形图形，如图 2-24 所示。

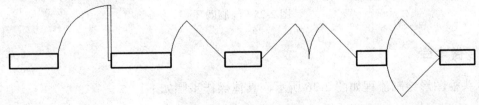

图 2-24　弧形墙体或门扇

> 与绘制圆不同，圆弧不是一个封闭的图形，绘制时涉及起点和端点，有顺时针和逆时针的区别。输入参数（圆心）角度、（弦）长度、半径时有以下规则。
> ① 输入圆心角（包含角）时，以逆时针为正，顺时针为负。
> ② 输入弦长值时，弦长值不能大于直径，按逆时针方向绘制，弦长值为正时绘制劣弧（小弧），弦长值为负时绘制优弧（大弧）。
> ③ 输入半径时，按逆时针方向，半径值为正时绘制劣弧（小弧），半径值为负时绘制优弧（大弧）。
> ④ 当绘制圆弧有困难，经常出现"起点端点角度必须不同"的字样时，可以尝试关闭 DYN 动态输入。

4. "圆环"的绘制

绘制圆环时，用户只需指定内径和外径，便可连续点取圆心绘制出多个圆环。
启动"圆环"命令，可使用以下 3 种常用方法。
① 下拉菜单：选择"绘图"|"圆环"命令。
② 功能区：单击"默认"|"绘图"|"圆环"按钮◎。
③ 命令行：输入"donut（do）"命令。
启动"圆环"命令后，命令行操作如下。

```
命令：_donut          //选择"圆环"命令◎
指定圆环的内径 <0.5000>: 10      //输入圆环的内径
指定圆环的外径 <1.0000>: 20      //输入圆环的外径
指定圆环的中心点或 <退出>:         //输入坐标或单击以确定圆环的中心
指定圆环的中心点或 <退出>:（回车）    //指定下一个圆环的中心，或者按"Enter"键结束该命令
```

内径不为零时，绘制的圆环如图 2-25（a）所示；建筑图中的钢筋点、建筑构件详细做法的引出端点，就是用实心圆环绘制完成的，如图 2-25（b）所示。

（a）内径不为零时，绘制圆环　　　　（b）内径为零时，绘制实心圆

图 2-25　绘制圆环

2.2.3　做中学

床头柜图形绘制流程如图 2-26 所示，具体操作步骤如下。

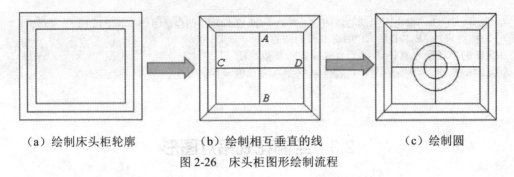

(a) 绘制床头柜轮廓　　　　(b) 绘制相互垂直的线　　　　(c) 绘制圆

图 2-26　床头柜图形绘制流程

(1) 创建图形文件,保存文件名为"床头柜.dwg"。

(2) 选择"矩形"命令▢,绘制床头柜轮廓和矩形纹理,效果如图 2-26(a)所示。

```
命令:_rectang                                              //选择"矩形"命令▢
指定第一个角点或 [倒角(C)/标高(E)/圆角(F)/厚度(T)/宽度(W)]:      //输入矩形的起点,
在绘图区内任意一点单击
指定另一个角点或 [面积(A)/尺寸(D)/旋转(R)]: @520,450         //输入矩形对角点
的相对坐标,绘制完成矩形的外轮廓
```

```
命令:offset                                                //选择"偏移"命令
当前设置:删除源=否  图层=源  OFFSETGAPTYPE=0
指定偏移距离或 [通过(T)/删除(E)/图层(L)] <通过>: 35         //输入偏移距离
选择要偏移的对象,或 [退出(E)/放弃(U)] <退出>:              //选择矩形
指定要偏移的那一侧上的点,或 [退出(E)/多个(M)/放弃(U)] <退出>:  //在内部选取一点
选择要偏移的对象,或 [退出(E)/放弃(U)] <退出>:              //选择新产生的矩形
指定要偏移的那一侧上的点,或 [退出(E)/多个(M)/放弃(U)] <退出>:  //在内部选取一点
选择要偏移的对象,或 [退出(E)/放弃(U)] <退出>:              //按"Enter"键结束命令
```

(3) 绘制垂直直线。选择"直线"命令/,绘制相互垂直的直线。选择"直线"命令/,分别对应连接最外面的矩形和最内侧矩形的顶点,结果如图 2-26(b)所示。

```
命令:_line 指定第一点:                  //选择"直线"命令/,捕捉并单击最内侧矩形上
边中点 A
指定下一点或 [放弃(U)]:                //捕捉并单击最内侧矩形下边中点 B
指定下一点或 [放弃(U)]:                //按"Enter"键
命令:_line 指定第一点:                  //选择"直线"命令/,捕捉并单击最内侧矩形左
边中点 C
指定下一点或 [放弃(U)]:                //捕捉并单击最内侧矩形右边中点 D
指定下一点或 [放弃(U)]:                //按"Enter"键结束命令
```

(4) 绘制中心圆。选择"圆"命令⊙,选择图中直线 AB 和直线 CD 的交点作为圆心,依次绘制直径为 100 和 200 的圆,完成后效果如图 2-26(c)所示。

```
命令:_circle 指定圆的圆心或 [三点(3P)/两点(2P)/切点、切点、半径(T)]:  //选择"圆"
命令⊙,捕捉直线 AB 和直线 CD 的交点作为圆心
指定圆的半径或 [直径(D)]: d    //输入参数直径 d
指定圆的直径 <200.0000>: 100   //输入直径值 100
```

```
命令：_circle 指定圆的圆心或 [三点(3P)/两点(2P)/切点、切点、半径(T)]： //选择"圆"
命令，捕捉直线 AB 和直线 CD 的交点作为圆心
指定圆的半径或 [直径(D)]： d  //输入参数直径 d
指定圆的直径 <200.0000>： 200  //输入直径值 200
```

2.3 绘制花式吊灯图形

2.3.1 本节任务

利用"点"命令和"定数等分"命令绘制花式吊灯图形，结果如图 2-27 所示。

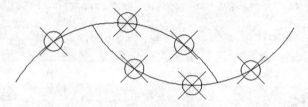

图 2-27 花式吊灯图形

2.3.2 背景知识

1. "点"（Point）命令

使用 AutoCAD 绘制点时，可以使用单点命令绘制单个点对象，也可以使用多点命令绘制多个点对象。启动"点"命令，主要有以下 4 种方法。

① 下拉菜单：选择"绘图"|"点"|"单点"或"多点"命令。
② 工具栏：单击"绘图"|"点"按钮。
③ 功能区：单击"默认"|"绘图"|"多点"按钮。
④ 命令行：输入"point（po）"命令。

启动"点"命令后，要求输入或用光标确定点的位置，确定一点后，便在该点出现一个点的实体。

执行上述命令后，其命令行操作如下。

```
命令：_point  //选择"点"命令
当前点模式： PDMODE=35  PDSIZE=40.0000  //系统显示当前点的样式及大小
指定点：  //指定点所在的位置
```

默认情况下，点的样式不易查看，所以在绘制点之前，应对点的样式进行设置。设置点样式有以下两种方法。

① 下拉菜单：选择"格式"|"点样式"命令。

② 命令行：输入"ddptype"命令。

执行上述命令后，打开"点样式"对话框，如图 2-28 所示。

单击"绘图"菜单项，选择"点"命令，在弹出的子菜单中列出了 4 种点的操作方法，如图 2-29 所示。

（1）单点（S）：绘制单个点。
（2）多点（P）：绘制多个点。
（3）定数等分（D）：绘制等分点。
（4）定距等分（M）：绘制同距点。

> 提示：在使用定数等分或定距等分时，必须首先设置点样式，否则看不到已经绘制的点。

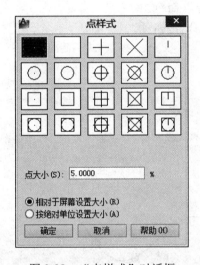

图 2-28　"点样式"对话框

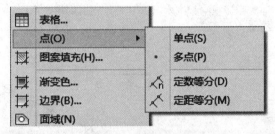

图 2-29　"绘图"菜单

2. 定数等分点

在 AutoCAD 中，可以使用"定数等分"和"定距等分"命令在指定线段上绘制定数和定距等分点或图块。

绘制定数等分点有以下 3 种方法。

① 下拉菜单：选择"绘图"|"点"|"定数等分"命令。
② 功能区：单击"默认"|"绘图"|"定数等分"按钮 。
③ 命令行：输入"divide（div）"命令。

执行上述命令后，其命令行操作如下。

命令：_divide　　//选择"定数等分"命令
选择要定数等分的对象：　　//选择要等分的图形对象
输入线段数目或 [块(B)]:5　　//输入要等分的数目，结果如图 2-30 所示

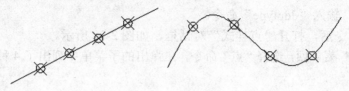

图 2-30 定数等分

选项说明如下。

（1）等分数范围为 2～32767。

（2）在等分点处按当时的点样式设置等分点。

（3）在第二提示行选择"块（B）"选项时，表示在等分点处插入指定的块（Block）。

3. 定距等分点

绘制定距等分点有以下 3 种方法。

① 下拉菜单：选择"绘图"|"点"|"定距等分"命令。
② 功能区：单击"默认"|"绘图"|"定数等分"按钮。
③ 命令行：输入"measure（me）"命令。

执行上述命令后，其命令行操作如下。

```
命令：_measure    //选择"定距等分"命令
选择要定距等分的对象：    //选择要等分的图形对象
指定线段长度或 [块(B)]：  指定第二点：    //输入距离直线 AB 或直接输入数值，结果如图 2-31 所示。
```

图 2-31 定距等分

选项说明如下。

（1）设置的起点一般为指定线段的绘制起点。

（2）在第二提示行选择"块（B）"选项时，表示在测量点处插入指定的块（Block）。

（3）在测量点处按当时的点样式设置测量点。

（4）最后一个测量段的长度不一定等于指定分段的长度。

2.3.3 做中学

（1）创建图形文件，保存文件名为"花式吊灯.dwg"。

（2）选择"圆弧"命令，利用"起点、端点、角度"和三点的方式绘制两段圆弧，如图 2-32 所示。

图 2-32 绘制两段圆弧

命令: _arc 指定圆弧的起点或 [圆心(C)]:   //选择"圆弧"命令，在绘图区单击一点确定圆弧的起点
指定圆弧的第二个点或 [圆心(C)/端点(E)]: _e   //输入参数 e
指定圆弧的端点: 422   //输入距离 422
指定圆弧的圆心或 [角度(A)/方向(D)/半径(R)]: _a 指定包含角:121   //输入包含角度 121，绘制第一段圆弧

命令: _arc 指定圆弧的起点或 [圆心(C)]: _nea 到   //选择"圆弧"命令，在第一段圆弧上捕捉最近点 A
指定圆弧的第二个点或 [圆心(C)/端点(E)]:   //捕捉端点 B
指定圆弧的端点: //在绘图区指定 C 点

（3）选择"格式"|"点样式"命令，在打开的"点样式"对话框中设置点的样式，如图 2-33 所示。选择"定数等分"命令，等分图形。

命令: _divide   //选择"定数等分"命令
选择要定数等分的对象: //选择圆弧
输入线段数目或 [块(B)]: 4   //输入等分的数目

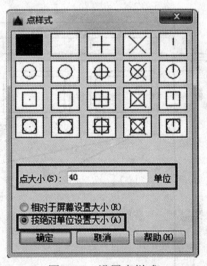

图 2-33 设置点样式

2.4 课堂练习——绘制燃气灶图形

利用"矩形"命令□、"圆"命令⊙绘制燃气灶图形，完成效果如图 2-34 所示。

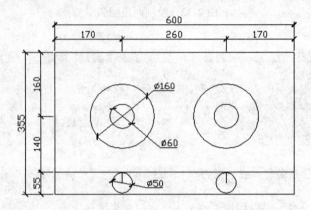

图 2-34 燃气灶图形

2.5 课后习题——绘制双人床图形

利用"矩形"命令□、"圆弧"命令⌒和"直线"命令∕绘制双人床图形，完成效果如图 2-35 所示。

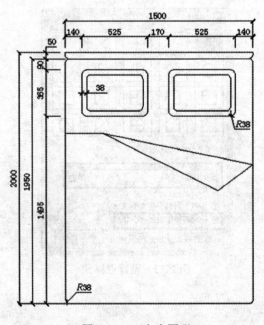

图 2-35 双人床图形

第 3 章

二维复杂建筑图形

学习目标

掌握复杂建筑图形的绘制方法,熟悉正多边形、椭圆和椭圆弧、多段线、多线、面域等的绘制命令,为绘制完整的建筑工程图打下良好的基础。

主要内容

- ◇ 绘制正多边形、椭圆和椭圆弧。
- ◇ 绘制多段线。
- ◇ 绘制多线。
- ◇ 绘制面域。

3.1 绘制坐便器图形

3.1.1 本节任务

利用"矩形"命令□、"椭圆"命令◎、"直线"命令╱、"修剪"命令┼绘制坐便器图形,绘制结果如图 3-1 所示。

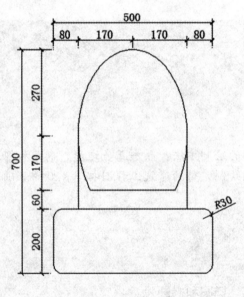

图 3-1 坐便器图形

3.1.2 背景知识

1. "正多边形"命令

使用"正多边形"命令可以绘制最少为 3 条边、最多为 1024 条边的正多边形。启动"正多边形"命令有以下 4 种方法。

① 下拉菜单:选择"绘图"|"正多边形"命令。
② 工具栏:单击"绘图"|"正多边形"按钮⬠。
③ 功能区:单击"默认"|"绘图"|"多边形"按钮⬠。
④ 命令行:输入"polygon(pol)"命令。

确定正多边形的位置、大小和旋转角度有以下 3 种方法,如图 3-2 所示。

第 3 章 二维复杂建筑图形

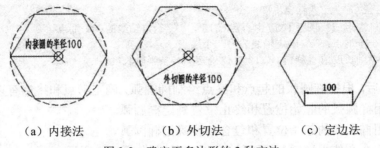

(a) 内接法　　　　(b) 外切法　　　　(c) 定边法

图 3-2　确定正多边形的 3 种方法

（1）内接法：利用正多边形中心、内接圆的半径及边数绘制正多边形。
（2）外切法：利用正多边形中心、外切圆的半径及边数绘制正多边形。
（3）定边法：利用正多边形的边长及边数绘制正多边形。
启动"polygon"命令后，命令行操作如下。

```
命令：_polygon 输入侧面数<4>:6    //选择"正多边形"命令⌂，指定正多边形的边数
指定正多边形的中心点或 [边(E)]：    //指定中心点
输入选项 [内接于圆(I)/外切于圆(C)] <I>: i    //确定内接圆
指定圆的半径：100    //输入半径，结果如图 3-2（a）所示
```

提示

如果选择"边"命令，则只要指定多边形的一条边，系统就会按逆时针方向创建正多边形。

2. "椭圆"和"椭圆弧"命令

椭圆由定义其长度和宽度的两条轴决定，较长的轴称为长轴，较短的轴称为短轴，建筑施工图中常用椭圆来表示轴测投影或特殊构配件。在 AutoCAD 2016 中，用户可以绘制椭圆（首尾相连的封闭图形）和椭圆弧（首尾不相连，椭圆的一部分），且绘制椭圆和椭圆弧的方法基本相同。

启动"椭圆"命令绘制椭圆或椭圆弧，可采用以下 4 种方法。

① 下拉菜单：选择"绘图"|"椭圆"命令，然后在弹出的子菜单中选择所需的命令。

② 工具栏：单击"绘图"|"椭圆"按钮⌂或"椭圆弧"按钮⌂。

③ 功能区：单击"默认"|"绘图"|"椭圆"按钮⌂，选择"圆心"⌂或"椭圆弧"命令⌂，如图 3-3 所示。

④ 命令行：输入"ellipse（el）"命令。

启动"ellipse"命令后，命令行操作如下。

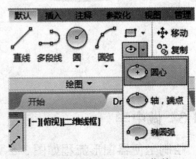

图 3-3　"椭圆"下拉菜单

```
命令：_ellipse    //选择"椭圆"命令
指定椭圆的轴端点或 [圆弧(A)/中心点(C)]：   //确定轴线的一个端点
指定轴的另一个端点：  //确定轴线的另一个端点
指定另一条半轴长度或 [旋转(R)]：   //确定另一条半轴长度
```

绘制椭圆后，根据椭圆弧的起点和终点绘制椭圆弧，确定起点和终点有以下两种方法。

（1）利用椭圆弧的起始位置和终止位置确定椭圆弧。

（2）利用椭圆弧的起始位置和包含角度确定椭圆弧。

【"椭圆"命令使用举例】椭圆练习，绘制结果如图3-4所示。

AutoCAD共提供了"轴端点"和"中心点"两种方式，其中"轴端点"方式根据指定一条轴的两个端点和另一条轴的半轴长绘制椭圆，其操作过程如下。

```
命令：_ellipse    //选择"椭圆"命令
指定椭圆轴的端点或 [圆弧(A)/中心点(C)]：    //拾取一点，定位椭圆轴的一个端点
指定轴的另一个端点：200        //沿水平方向向右输入距离值200
指定另一条半轴长度或 [旋转(R)]：40    //沿垂直方向向上输入距离值40，结果如图3-4（a）所示
```

"中心点"方式绘制椭圆需要先确定椭圆的中心点，然后再确定椭圆轴的一个端点和椭圆另一半轴的长度，其命令行操作如下。

```
命令：_ellipse    //选择"椭圆"命令
指定椭圆的轴端点或 [圆弧(A)/中心点(C)]：_c
指定椭圆的中心点：              //捕捉刚绘制的椭圆的中心点
指定轴的端点：60              //沿垂直方向向上输入距离值60
指定另一条半轴长度或 [旋转(R)]：35     //沿水平方向向右输入距离值35,结果如图3-4(b)所示
```

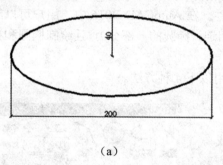
（a）
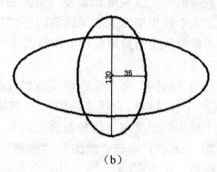
（b）

图3-4　椭圆练习

3.1.3　做中学

绘制坐便器图形流程如图3-5所示。

第 3 章　二维复杂建筑图形

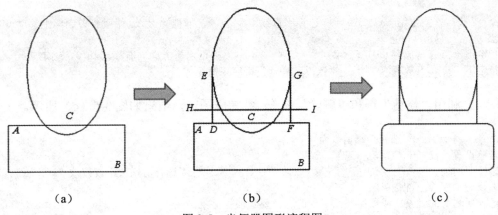

（a）　　　　　　　　　　（b）　　　　　　　　　　（c）

图 3-5　坐便器图形流程图

（1）创建图形文件，保存文件名为"坐便器.dwg"。

（2）绘制外轮廓线。选择"矩形"命令 ▭ 和"椭圆"命令 ⬭，绘制坐便器的外轮廓线，如图 3-5（a）所示。

```
命令：_rectang                           //选择"矩形"命令 ▭
指定第一个角点或 [倒角(C)/标高(E)/圆角(F)/厚度(T)/宽度(W)]：    //确定第一点 A
指定另一个角点或 [面积(A)/尺寸(D)/旋转(R)]：@500,-200  //输入 B 点相对坐标
```

```
命令：_ellipse       //选择"椭圆"命令 ⬭，用"中心点"方式绘制椭圆
指定椭圆的轴端点或 [圆弧(A)/中心点(C)]：_c
指定椭圆的中心点：230  //捕捉中点 C，沿着垂直方向向上输入距离，确定椭圆的圆心
指定轴的端点：170    //沿着水平方向向右输入距离，指定椭圆一条半轴的长度
指定另一条半轴长度或 [旋转(R)]:270  //沿着垂直方向向上输入距离，指定椭圆另一条半轴的长度
```

（3）绘制内轮廓线。选择"直线"命令 ／，绘制坐便器的内轮廓线，完成后如图 3-5（b）所示。

绘制直线 DE。

```
命令：_line 指定第一点：80           //选择"直线"命令 ／，捕捉端点 A，沿水平方向向右移动 80，确定 D 点
指定下一点或 [放弃(U)]：_tan 到           //捕捉椭圆的切点 E
指定下一点或 [放弃(U)]：  //按"Enter"键结束命令
```

绘制直线 FG。

```
命令：_line 指定第一点：80           //选择"直线"命令 ／，捕捉端点 A，沿水平方向向右移动 80，确定 F 点
指定下一点或 [放弃(U)]：_tan 到           //捕捉椭圆的切点 G
指定下一点或 [放弃(U)]：  //按"Enter"键结束命令
```

绘制直线 HI。

47

命令：line 指定第一点：60   //选择"直线"命令，捕捉端点 A，沿垂直方向向上移动 60，确定 H 点
指定下一点或 [放弃(U)]：500   //沿水平方向向右移动 500，确定 I 点
指定下一点或 [放弃(U)]：   //按"Enter"键结束命令

（4）利用"修剪"和"删除"命令完成图形，结果如图 3-5（c）所示。

命令：_trim   //选择"修剪"命令
当前设置：投影=UCS，边=无
选择剪切边……   //不选择剪切边，直接按"Enter"键
选择对象或 <全部选择>：
选择要修剪的对象，或按住 Shift 键选择要延伸的对象，或
[栏选(F)/窗交(C)/投影(P)/边(E)/删除(R)/放弃(U)]：   //按"Enter"键结束命令

命令：ERASE //选择"删除"命令
选择对象：找到 3 个，总计 3 个   //删除多余的线段
选择对象： //按"Enter"键结束命令

3.2 绘制浴缸平面图形

3.2.1 本节任务

利用"多段线"命令绘制浴缸平面图形，结果如图 3-6 所示。

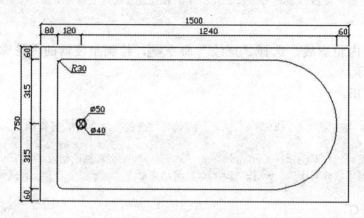

图 3-6 浴缸平面图形

3.2.2 背景知识

1. "多段线"命令

多段线（也称为多义线）是由等宽或不等宽的、连续的线段和圆弧组成的一个复合实体。

启动"多段线"命令,可使用以下4种方法。
① 下拉菜单:选择"绘图"|"多段线"命令。
② 工具栏:单击"绘图"|"多段线"按钮 。
③ 功能区:单击"默认"|"绘图"|"多段线"按钮 。
④ 命令行:输入"pline(pl)"命令。
启动"pline"命令后,命令行操作如下。

```
命令:_pline   //选择"多段线"命令 
指定起点:   //在适当位置拾取一点作为起点
当前线宽为 0.0000
指定下一个点或 [圆弧(A)/半宽(H)/长度(L)/放弃(U)/宽度(W)]:   //指定多段线的下一点
指定下一点或 [圆弧(A)/闭合(C)/半宽(H)/长度(L)/放弃(U)/宽度(W)]:   //按"Enter"键结束命令
```

选项说明如下。
(1)绘制直线段的方式。
命令行显示以下信息:

```
指定下一个点或 [圆弧(A)/半宽(H)/长度(L)/放弃(U)/宽度(W)]:
```

圆弧(A):该参数控制由绘制直线状态切换到绘制曲线状态。
长度(L):在与前一线段相同的角度方向上绘制指定长度的直线段。如果前一线段为圆弧,那么 AutoCAD 绘制与该圆弧相切的新线段。
半宽(H)[或宽度(W)]:这两个参数用来定义多段线的宽度。
放弃(U):删除最近一次添加到多线段上的线段。
(2)绘制圆弧的方式。
绘制多段线时,在命令行输入 A,切换到绘制圆弧的方式,命令行显示以下信息:

```
指定圆弧的端点或
[角度(A)/圆心(CE)/闭合(CL)/方向(D)/半宽(H)/直线(L)/半径(R)/第二个点(S)/放弃(U)/宽度(W)]:
```

角度(A):输入圆弧的圆心角,根据圆弧对应的圆心角来绘制圆弧。
圆心(CE):根据圆弧的圆心位置来绘制圆弧。确定圆心位置后,可再指定圆弧的端点、包含角度或长度中的一个来绘制圆弧。
闭合(CL):以最后点和多段线的起点为圆弧的两个端点,绘制一个圆弧封闭多段线,并结束命令。
方向(D):根据起始点的切线方向绘制圆弧。在命令行提示下确定一点,系统将把圆弧的起点与该点的连线作为圆弧的起点切向,再确定圆弧的另一端点即可绘制圆弧;还可以通过输入起始点方向与水平方向的夹角来确定圆弧的起点切向。
半宽(H)/宽度(W):设置圆弧的起点半宽(线宽)和端点半宽(线宽)。
直线(L):用于从绘制圆弧的方式切换到绘制直线的方式。

半径（R）：输入圆弧半径，并通过指定端点或包含角度来绘制圆弧。

第二个点（S）：根据三点来绘制圆弧。

放弃（U）：放弃上一次操作。

【"多段线"命令举例】利用"多段线"命令绘制如图 3-7 所示的图形。

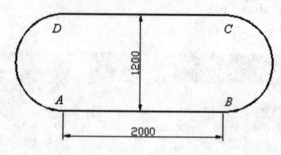

图 3-7 "多段线"绘制的图形

```
命令：_pline     //选择"多段线"命令
指定起点：                    //在适当位置拾取一点作为起点 A
当前线宽为 0.0000
指定下一个点或 [圆弧(A)/半宽(H)/长度(L)/放弃(U)/宽度(W)]：w   //输入宽度选项
指定起点宽度 <0.0000>:10           //设置起点宽度
指定端点宽度 <10.0000>:10          //设置端点宽度
指定下一个点或 [圆弧(A)/半宽(H)/长度(L)/放弃(U)/宽度(W)]：2000    //沿着水平方向向右输入 2000，定位第二点 B
指定下一点或 [圆弧(A)/闭合(C)/半宽(H)/长度(L)/放弃(U)/宽度(W)]:a  //转入圆弧模式
指定圆弧的端点或[角度(A)/圆心(CE)/闭合(CL)/方向(D)/半宽(H)/直线(L)/半径(R)/第二个点(S)/放弃(U)/宽度(W)]：1200   //沿着垂直方向向上输入 1200，定位第三点 C
指定圆弧的端点或[角度(A)/圆心(CE)/闭合(CL)/方向(D)/半宽(H)/直线(L)/半径(R)/第二个点(S)/放弃(U)/宽度(W)]：l      //转入直线模式
指定下一点或 [圆弧(A)/闭合(C)/半宽(H)/长度(L)/放弃(U)/宽度(W)]：2000   //沿着水平方向向左输入 2000，定位第四点 D
指定下一点或 [圆弧(A)/闭合(C)/半宽(H)/长度(L)/放弃(U)/宽度(W)]：a      //转入圆弧模式
指定圆弧的端点或[角度(A)/圆心(CE)/闭合(CL)/方向(D)/半宽(H)/直线(L)/半径(R)/第二个点(S)/放弃(U)/宽度(W)]：cl    //输入闭合选项
```

2. 编辑多段线

启动"编辑多段线"命令有以下 4 种常用方法。

① 下拉菜单：选择"修改"|"对象"|"多段线"命令。

② 功能区：单击"默认"|"修改"|"编辑多段线"按钮。

③ 命令行：输入"pedit（pe）"命令。

④ 快捷菜单：选择要编辑的多段线，在绘图区内右击，在弹出的快捷菜单中选择"编辑多段线"命令。

启动"编辑多段线"命令后，命令行操作如下。

```
命令：_pedit     //选择"编辑多段线"命令
选择多段线或 [多条(M)]：  //选择一条要编辑的多段线
```

输入选项 [闭合(C)/合并(J)/宽度(W)/编辑顶点(E)/拟合(F)/样条曲线(S)/非曲线化(D)/线型生成(L)/反转(R)/放弃(U)]： //输入所需选项

（1）闭合（C）：若选择的多段线不是闭合的，则用直线段将其连接为闭合。
（2）合并（J）：将相互连接的多个对象进行合并，成为一条多段线。
（3）宽度（W）：修改整条多段线的线宽，使其具有同一指定线宽。
（4）拟合（F）：将多段线生成由光滑圆弧连接的拟合曲线，该曲线经过多段线各顶点。
（5）样条曲线（S）：将指定的多段线以各顶点为控制点生成样条曲线。

在绘制工程图过程中，常常遇到要将普通直线转为多段线，普通直线转成圆弧、样条曲线，也可以通过"编辑多段线"命令把一些直线合并为一个整体。这里可以用"编辑多段线"命令将图 3-8（a）中的普通矩形变成加粗的矩形，也可以将图 3-8（a）中三角形的三条直线变为带有宽度的封闭的样条曲线，如图 3-8（b）所示。

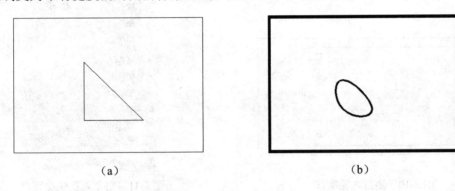

图 3-8　编辑多段线

3.2.3　做中学

（1）创建图形文件，保存文件名为"浴缸.dwg"。
（2）选择"矩形"命令 ▭，绘制浴缸的外轮廓线，如图 3-9 所示。

图 3-9　浴缸外轮廓线

命令：_rectang　　//选择"矩形"命令 ▭
指定第一个角点或 [倒角(C)/标高(E)/圆角(F)/厚度(T)/宽度(W)]：　　//确定 A 点
指定另一个角点或 [面积(A)/尺寸(D)/旋转(R)]：@1500,-750　　//输入 B 点的相对坐标

（3）选择"多段线"命令 ↵，绘制浴缸的内轮廓线，如图3-10所示。打开"临时追踪点"和"自"的方法：按"Shift"键+鼠标右键，弹出对象捕捉快捷菜单，在其中选择"自"命令，如图3-11所示。

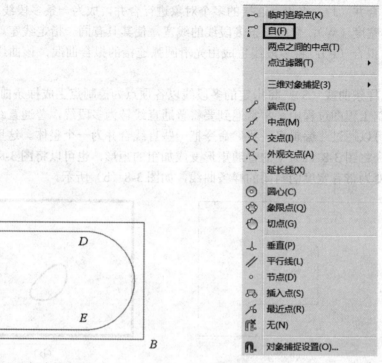

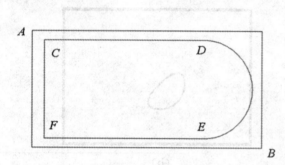

图3-10 浴缸内轮廓线　　　　　　　　　　图3-11 对象捕捉快捷菜单

```
命令：_pline                              //选择"多段线"命令 ↵
指定起点：_from 基点：<偏移>：@80,-60     //按"Shift"键+鼠标右键，选择对象捕捉快
捷菜单中的"自"命令，捕捉端点A作为起点，输入偏移量，确定C点
当前线宽为 0.0000
指定下一个点或 [圆弧(A)/半宽(H)/长度(L)/放弃(U)/宽度(W)]：1045  //沿水平方向向右
输入距离值，确定D点
指定下一点或 [圆弧(A)/闭合(C)/半宽(H)/长度(L)/放弃(U)/宽度(W)]：a  //选择"圆弧"
选项开始绘制圆弧
指定圆弧的端点或
[角度(A)/圆心(CE)/闭合(CL)/方向(D)/半宽(H)/直线(L)/半径(R)/第二个点(S)/放弃(U)/
宽度(W)]：630   //沿垂直方向向下输入距离值，确定E点
指定圆弧的端点或
[角度(A)/圆心(CE)/闭合(CL)/方向(D)/半宽(H)/直线(L)/半径(R)/第二个点(S)/放弃(U)/
宽度(W)]：l   //选择"直线"选项开始绘制直线
指定下一点或 [圆弧(A)/闭合(C)/半宽(H)/长度(L)/放弃(U)/宽度(W)]：1045  //沿水平方
向向左输入距离值，确定F点
指定下一点或 [圆弧(A)/闭合(C)/半宽(H)/长度(L)/放弃(U)/宽度(W)]：c   //输入闭合选项，
结束命令
```

（4）绘制下水孔，对内轮廓线进行圆角。

命令：_circle 指定圆的圆心或 [三点(3P)/两点(2P)/切点、切点、半径(T)]: _from 基点：
<偏移>: @120,-315   // 选择"圆"命令⊙，按"Shift+鼠标右键"组合键，选择对象捕捉快捷菜单中的"自"命令，捕捉端点 C 作为起点，输入偏移量，确定圆心
　指定圆的半径或 [直径(D)]: 20   //输入半径
命令：_circle 指定圆的圆心或 [三点(3P)/两点(2P)/切点、切点、半径(T)]:   //捕捉圆心
　指定圆的半径或 [直径(D)] <20.0000>: 25   //输入半径

命令：_fillet   //输入"圆角"命令⌒
　当前设置：模式 = 修剪，半径 = 0.0000   //当前圆角参数
　选择第一个对象或 [放弃(U)/多段线(P)/半径(R)/修剪(T)/多个(M)]: r   //输入参数半径 r
　指定圆角半径 <0.0000>: 30   //输入圆角半径为 30
　选择第一个对象或 [放弃(U)/多段线(P)/半径(R)/修剪(T)/多个(M)]: m   //输入参数 m，可以进行多次圆角
　选择第一个对象或 [放弃(U)/多段线(P)/半径(R)/修剪(T)/多个(M)]:   //选择线段 CF
　选择第二个对象，或按住 Shift 键选择对象以应用角点或 [半径(R)]:   //选择线段 CD，结束第一个圆角
　选择第一个对象或 [放弃(U)/多段线(P)/半径(R)/修剪(T)/多个(M)]:   //选择线段 CF
　选择第二个对象，或按住 Shift 键选择对象以应用角点或 [半径(R)]:   //选择线段 EF，结束第一个圆角
　选择第一个对象或 [放弃(U)/多段线(P)/半径(R)/修剪(T)/多个(M)]:   //按"Enter"键结束命令

3.3 绘制墙体图形

3.3.1 本节任务

利用"多线"命令绘制墙体图形，结果如图 3-12 所示。

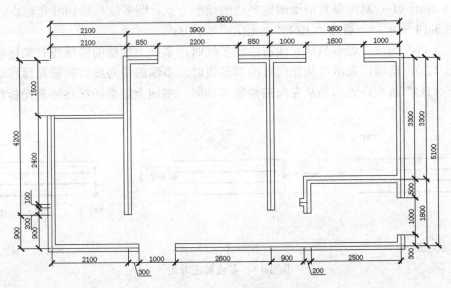

图 3-12 墙体图形

3.3.2 背景知识

1. "多线"命令

多线是 AutoCAD 提供的一种比较特殊的图形对象，一条多线中可由 1～16 条平行线组成，绘制多线的命令是 mline。多线在建筑绘图中广泛用于绘制墙线、平面窗户等图形，如图 3-13 所示。

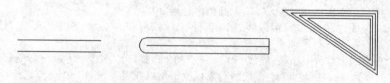

图 3-13　多线的应用

启动"多线"命令，可使用如下两种方法。
① 下拉菜单：选择"绘图"|"多线"命令。
② 命令行：输入"mline（ml）"命令。
启动"多线"命令后，命令行操作如下。

```
命令：_mline    //选择"绘图"|"多线"命令
当前设置：对正 = 上，比例 = 20.00，样式 = STANDARD
指定起点或 [对正（J）/比例（S）/样式（ST）]：  //给定多线的起点
指定下一点：
指定下一点或 [放弃（U）]：
指定下一点或 [闭合（C）/放弃（U）]：  //继续给定下一点，直至按"Enter"键结束
```

选项说明如下。

（1）对正（J）：对正参数用于确定多线的绘制方式，即多线与绘制时光标点之间的关系，如图 3-14 所示，一般为"上(T)""无(Z)""下(B)"。

"上（T）"选项：表示当从左向右绘制多线时，多线上顶端的线将随着光标移动。
"无（Z）"选项：表示当从左向右绘制多线时，多线的中心线将随着光标移动。
"下（B）"选项：表示当从左向右绘制多线时，多线上底端的线将随着光标移动。

图 3-14　多线对正方式

（2）比例（S）：用于确定绘制多线宽度的比例因子，它不影响多线的线型比例。

（3）样式（ST）：用于选择已定义过的多线样式。默认时为"STANDARD"，即双平行线样式。如果选择新样式，需要先定义新的多线样式。

【"多线"命令举例】多线练习，绘制如图3-15所示的图形。

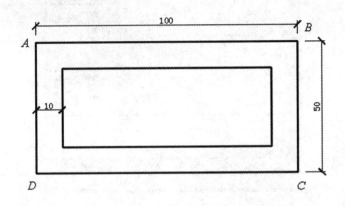

图3-15 多线举例

```
命令：_mline    //选择"多线"命令
当前设置：对正 = 上，比例 = 20.00，样式 = STANDARD
指定起点或 [对正(J)/比例(S)/样式(ST)]：  j    //输入J选项，修改对正样式
输入对正类型 [上(T)/无(Z)/下(B)] <上>：  t    //输入T选项，对正样式为上
当前设置：对正 = 上，比例 = 20.00，样式 = STANDARD
指定起点或 [对正(J)/比例(S)/样式(ST)]：  s    //输入选项S，修改比例
输入多线比例 <20.00>：10    //输入比例，指定多线宽度
当前设置：对正 = 上，比例 = 10.00，样式 = STANDARD
指定起点或 [对正(J)/比例(S)/样式(ST)]：    //指定A点为起始点
指定下一点：100    //沿着水平向右方向输入距离，确定B点
指定下一点或 [放弃(U)]：50    //沿着垂直向下方向输入距离，确定C点
指定下一点或 [闭合(C)/放弃(U)]：100    //沿着水平向左方向输入距离，确定D点
指定下一点或 [闭合(C)/放弃(U)]：c    //封闭图形
```

2. 设置多线样式

多线的样式决定多线中线条的数量、线条的颜色和线型、直线间的距离等。用户还可以指定多线封口的形式为弧形或直线形，并根据需要设置多种不同的多线样式。

启用"多线样式"命令有以下两种方法。

① 下拉菜单：选择"格式"|"多线样式"命令。

② 命令行：输入"mlstyle"命令。

选择"格式"|"多线样式"命令，弹出"多线样式"对话框，如图3-16所示，通过该对话框可设置多线的样式。

图 3-16 "多线样式"对话框

单击"新建"按钮可新建多线样式,输入多线名称"建筑"后打开"新建多线样式:建筑"对话框。单击"添加"按钮可添加多条线条,这里设置多线为三条平行线,如图 3-17 所示。

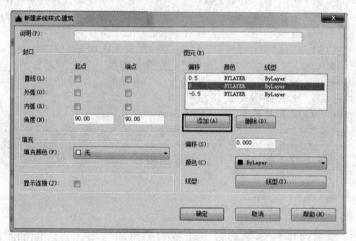

图 3-17 "新建多线样式:建筑"对话框

3. 编辑多线

绘制完成的多线一般要经过编辑才能符合绘图需要,用户可以对已经绘制的多线进行编辑,修改其形状。

启动"编辑多线"命令,可使用以下 3 种方法。

① 下拉菜单:选择"修改"|"对象"|"多线"命令。

② 命令行:输入"mledit"命令。

③ 双击多线对象。

执行上述命令后,弹出如图 3-18 所示的"多线编辑工具"对话框,其中提供了四大类 12 种编辑方式(最常用的是"T 形合并")。

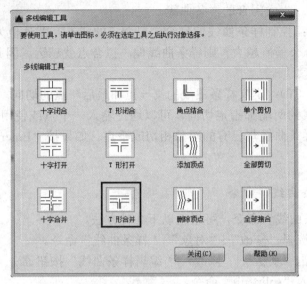

图 3-18 "多线编辑工具"对话框

4. "样条曲线"命令

由用户指定一定数量、位置确定的拟合点或控制点,然后利用 AutoCAD 2016 可自行拟合出一条光滑或最大程度地接近这些拟合点或控制点的曲线,这条曲线就是样条曲线。

启动"样条曲线"命令绘制样条曲线,可采用以下 4 种方法。

① 下拉菜单:选择"绘图"|"样条曲线"命令,在弹出的子菜单中选择所需的命令。

② 工具栏:单击"绘图"|"样条曲线"按钮~。

③ 功能区:选择"默认"|"绘图"|"样条曲线拟合"命令~或"样条曲线控制点"命令~。

④ 命令行:输入"spline(spl)"命令。

启动"样条曲线"命令后,绘制如图 3-19 所示的图形,命令行操作如下。

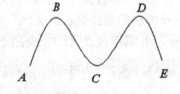

图 3-19 样条曲线举例

```
命令:_spline    //选择"样条曲线拟合"命令~
当前设置:方式=拟合    节点=弦
指定第一个点或 [方式(M)/节点(K)/对象(O)]:_M
输入样条曲线创建方式 [拟合(F)/控制点(CV)] <拟合>:_FIT
当前设置:方式=拟合    节点=弦
指定第一个点或 [方式(M)/节点(K)/对象(O)]:    //确定 A 点位置
输入下一个点或 [起点切向(T)/公差(L)]:    //确定 B 点位置
输入下一个点或 [端点相切(T)/公差(L)/放弃(U)]:    //确定 C 点位置
输入下一个点或 [端点相切(T)/公差(L)/放弃(U)/闭合(C)]:    //确定 D 点位置
输入下一个点或 [端点相切(T)/公差(L)/放弃(U)/闭合(C)]:    //确定 E 点位置
输入下一个点或 [端点相切(T)/公差(L)/放弃(U)/闭合(C)]:    //按"Enter"键结束命令
```

选项说明如下。

（1）对象（O）：将二维或三维的二次或三次样条曲线的拟合多段线转换为等价的样条曲线，然后（根据 DelOBJ 系统变量的设置）删除该拟合多段线。

（2）闭合（C）：生成闭合的样条曲线。

（3）拟合（F）：控制样条曲线偏离给定拟合点的状态，默认值为零，样条曲线严格地经过拟合点，拟合公差值越大，则样条曲线偏离拟合点就越远。因此，拟合公差将影响样条曲线的平滑程度。

（4）起点切向（T）：定义样条曲线的第一点和最后一点的切向。

如果在样条曲线的两端都指定切向，可以通过输入一个点或使用"切点"和"垂足"对象来捕捉模式使样条曲线与已有的对象相切或垂直。如果按"Enter"键，AutoCAD 将计算默认切向。

5．"编辑样条曲线"命令

启动"编辑样条曲线"命令，可采用以下 3 种方法。

① 下拉菜单：选择"修改"|"对象"|"样条曲线"命令。

② 功能区：单击"默认"|"修改"|"编辑样条曲线"按钮 ⌒。

③ 命令行：输入"splinedit"命令。

启动"编辑样条曲线"命令后，命令行操作如下。

```
命令：_splinedit    //选择"编辑样条曲线" 命令 ⌒
选择样条曲线：   //选择要编辑的样条曲线。若选择的样条曲线是用 spline 命令创建的，其近似点
以夹点的颜色显示；若选择的样条曲线是用 pline 命令创建的，其控制点以夹点的颜色显示
输入选项 [闭合(C)/合并(J)/拟合数据(F)/编辑顶点(E)/转换为多段线(P)/反转(R)/放弃
(U)/退出(X)] <退出>：   //按"Enter"键结束命令
```

选项说明如下。

（1）拟合数据（F）：编辑近似数据。选择该选项后，创建该样条曲线时指定的各点将以小方格的形式显示。

（2）编辑顶点（E）：使用下列选项编辑控制框数据，以此编辑样条曲线的顶点。

```
输入顶点编辑选项 [添加(A)/删除(D)/提高阶数(E)/移动(M)/权值(W)/退出(X)] <退出>：
```

（3）转换为多段线（P）：将样条曲线转换为多段线，其精度值决定生成的多段线与样条曲线的接近程度，有效值为 0～99 的任意整数。

（4）反转（R）：反转样条曲线的方向，该项操作主要用于第三方应用程序。

3.3.3 做中学

（1）创建图形文件，保存文件名为"墙体.dwg"。

（2）设置图形单位与界限。选择"格式"|"单位"命令，设置图形单位的精度为"0"，如图 3-20 所示，设置图形界限为 10 000×7 000。

```
命令：'_limits    //选择"格式"|"图形界限"命令
重新设置模型空间界限：
指定左下角点或 [开(ON)/关(OFF)] <0.0000,0.0000>：   //按"Enter"键，选择左下角点
```

默认值 0,0
　　指定右上角点 <420.0000,297.0000>: 10000,7000　　//设置图形界限为10000×7000

图 3-20　设置图形单位

（3）调整绘图窗口显示范围。选择"视图"|"缩放"|"范围"命令，使图形能够完全显示。

（4）设置多线样式。选择"格式"|"多线样式"命令，弹出"多线样式"对话框，如图 3-21 所示。单击"新建"按钮，弹出"创建新的多线样式"对话框，在"新样式名"文本框中输入"墙体"，单击"继续"按钮，如图 3-22 所示。弹出"新建多线样式：墙体"对话框，设置多线样式，如图 3-23 所示。单击"确定"按钮，返回"多线样式"对话框，单击"置为当前"按钮，单击"确定"按钮，完成"墙体"多线样式的设置，如图 3-24 所示。

图 3-21　"多线样式"对话框

图 3-22　"创建新的多线样式"对话框

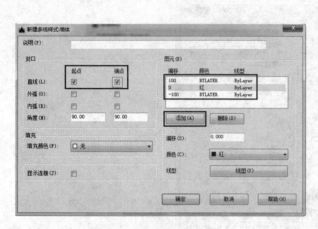
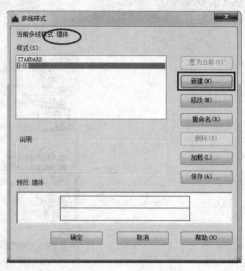

图 3-23 设置多线样式　　　　　图 3-24 设置当前样式

（5）绘制多线图形。选择"绘图"|"多线"命令，绘制墙体图形，如图 3-25 所示，命令行操作如下。

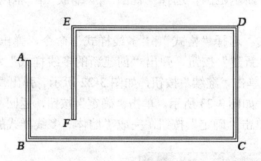

图 3-25 绘制墙体图形

```
命令：_mline                       //选择"多线"命令
当前设置：对正 = 上，比例 = 20.00，样式 = 墙体   //显示当前多线设置
指定起点或 [对正(J)/比例(S)/样式(ST)]：j   //选择"对正"选项
输入对正类型 [上(T)/无(Z)/下(B)] <上>：z   //选择"无"选项
当前设置：对正 = 无，比例 = 20.00，样式 = 墙体
指定起点或 [对正(J)/比例(S)/样式(ST)]：s  //选择"比例"选项
输入多线比例 <20.00>：1    //输入新的多线比例值
当前设置：对正 = 无，比例 = 1.00，样式 = 墙体
指定起点或 [对正(J)/比例(S)/样式(ST)]：  //确定多线起点A点
指定下一点：3600   //输入AB距离值
指定下一点或 [放弃(U)]：9600  //输入BC距离值
指定下一点或 [闭合(C)/放弃(U)]：5100   //输入CD距离值
指定下一点或 [闭合(C)/放弃(U)]：7500   //输入DE距离值
指定下一点或 [闭合(C)/放弃(U)]：4200   //输入EF距离值
指定下一点或 [闭合(C)/放弃(U)]：   //按"Enter"键结束命令
```

（6）绘制多线图形。选择"绘图"|"多线"命令，绘制其余墙体图形，如图 3-26 所示。

绘制多线 GH。

```
命令：_mline   //选择"多线"命令
当前设置：对正 = 无，比例 = 1.00，样式 = 墙体
指定起点或 [对正(J)/比例(S)/样式(ST)]：3600   //捕捉 D 点，拖动鼠标向左输入距离值，确定 G 点
指定下一点：4100    //输入 GH 距离值
指定下一点或 [放弃(U)]：   //按"Enter"键结束命令
```

绘制多线 EFG。

```
命令：_mline   //选择"多线"命令
当前设置：对正 = 无，比例 = 1.00，样式 = 墙体
指定起点或 [对正(J)/比例(S)/样式(ST)]：3300   //捕捉 D 点，拖动鼠标向下输入距离值，确定 E 点
指定下一点：2600   //输入 EF 距离值
指定下一点或 [放弃(U)]：900   //输入 FG 距离值
指定下一点或 [闭合(C)/放弃(U)]：   //按"Enter"键结束命令
```

绘制多线 HI。

```
命令：_mline   //选择"多线"命令
当前设置：对正 = 无，比例 = 1.00，样式 = 墙体
指定起点或 [对正(J)/比例(S)/样式(ST)]：300   //捕捉 G 点，拖动鼠标向上输入距离值，确定 H 点
指定下一点：200   //输入 HI 距离值
指定下一点或 [放弃(U)]：   //按"Enter"键结束命令
```

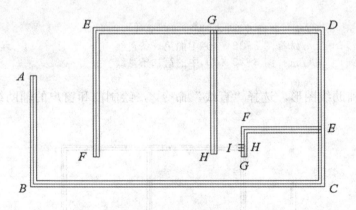

图 3-26　绘制其余墙体图形

（7）编辑多线图形。选择"修改"|"对象"|"多线"命令，或者双击多线，弹出"多线编辑工具"对话框，如图 3-27 所示。选择"T 形合并"命令，返回绘图窗口，对多线进行 T 形合并，如图 3-28（b）所示。

图 3-27 "多线编辑工具"对话框

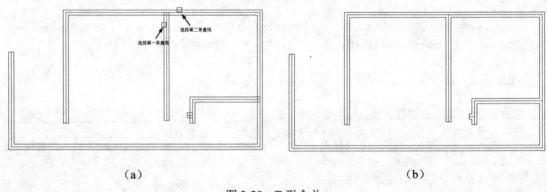

图 3-28 T 形合并

```
命令：_mledit      //选择"修改"|"对象"|"多线"命令
选择第一条多线：   //选择图 3-28（a）中的第一条直线
选择第二条多线：   //选择图 3-28（a）中的第二条直线
```

（8）绘制辅助线图形。选择"直线"命令，绘制门和窗户的辅助线图形，结果如图 3-29 所示。

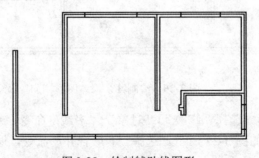

图 3-29 绘制辅助线图形

(9) 后置辅助线图形。选择"工具"|"绘图次序"|"后置"命令，选择所有的绘制辅助线，将其后置。

(10) 编辑墙体图形。选择"修改"|"对象"|"多线"命令，弹出"多线编辑工具"对话框，如图3-30所示。选择"全部剪切"命令 ，返回绘图窗口，在任意工具栏中右击，在弹出的快捷菜单中选择"对象捕捉"命令，弹出"对象捕捉"工具栏。单击"对象捕捉"工具栏中的"捕捉到交点"按钮 ✕，先选择辅助直线和多线的交点A，再捕捉交点B，如图3-31（a）所示。

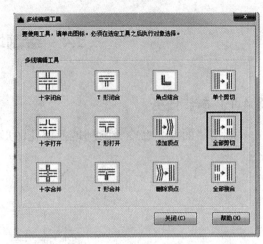

图3-30　"多线编辑工具"对话框

对其余多线进行全部修剪，结果如图3-31（b）所示。

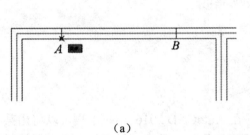

(a)

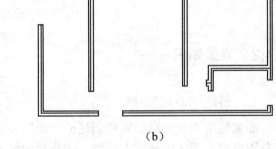

(b)

图3-31　全部剪切

(11) 绘制阳台图形。选择"直线"命令 ✎，绘制阳台图形，如图3-32所示。

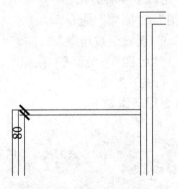

图3-32　绘制阳台图形

3.4 绘制地板拼花图形

3.4.1 本节任务

利用"面域"命令绘制地板拼花图形,结果如图 3-33 所示。

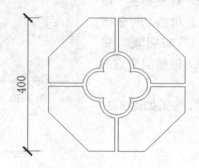

图 3-33 地板拼花图形

3.4.2 背景知识

1. 创建"面域"命令

面域是用闭合的形状或环创建的二维区域。在 AutoCAD 2016 中,用户可以将由某些对象围成的封闭区域转换为面域,这些封闭区域可以是圆、椭圆、封闭的二维多段线或封闭的样条曲线等对象,也可以是由圆弧、直线、二维多段线、椭圆弧、样条曲线等对象构成的封闭区域。

启动"面域"命令,可使用以下 4 种方法。

① 下拉菜单:选择"绘图"|"面域"命令。
② 工具栏:单击"绘图"|"面域"按钮。
③ 功能区:单击"默认"|"绘图"|"面域"按钮。
④ 命令行:输入"region(reg)"命令。

启动"面域"命令后,命令行操作如下。

```
命令:_region    //选择"面域"命令
选择对象:指定对角点:找到 4 个    //利用框选方式选择图形边界,如图 3-34(a)所示
选择对象:    //按"Enter"键结束命令
已提取 1 个环。
已创建 1 个面域。    //创建了 1 个面域
```

在创建面域之前单击弧形边,图形显示如图 3-34(b)所示。在创建面域之后单击弧形边,图形显示如图 3-34(c)所示。

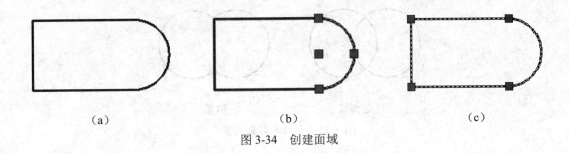

(a)　　　　　　　　　(b)　　　　　　　　　(c)

图 3-34　创建面域

> **提示**：默认情况下，AutoCAD 在创建面域时将删除原对象，若用户希望保留原对象，则需要将 DELOBJ 系统变量设置为 0。

2. 面域的布尔运算

在 AutoCAD 2016 中，用户可以对面域执行"并集""差集""交集"3 种布尔运算。通过结合、减去或查找面域的交点创建组合面域。形成这些更复杂的面域后，可以应用填充或分析它们的面积。

（1）并集运算：将所有选中的面域合并为一个。利用"并集"命令即可进行并运算。启动"并集"命令，可使用有以下 4 种方法。

① 下拉菜单：选择"修改"|"实体编辑"|"并集"命令。
② 工具栏：单击"实体编辑"|"并集"按钮⑩。
③ 功能区：单击"默认"|"实体编辑"|"并集"按钮⑩。
④ 命令行：输入"union"命令。

启动"并集"命令后，命令行操作如下。

```
命令：_region    //选择"面域"命令
选择对象：指定对角点：找到 2 个    //利用圈交的方式选择两个圆
选择对象：   //按"Enter"键
已提取 2 个环。
已创建 2 个面域。   //创建了两个面域
```

```
命令：_union   //选择"并集"命令
选择对象：指定对角点：找到 2 个    //利用圈交的方式选择两个圆
选择对象：   //按"Enter"键结束命令，结果如图 3-35 所示
```

> **提示**：若用户选取的面域并未相交，AutoCAD 也可将其合并为一个新的面域。

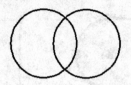 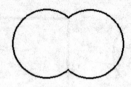

　　　　选定面域　　　　　　　结果

图 3-35　面域的并集运算

（2）差集运算：从一个面域中减去一个或多个面域，可以创建一个新的面域。利用"差集"命令即可进行差运算。

启动"差集"命令，可使用以下 4 种方法。

① 下拉菜单：选择"修改"|"实体编辑"|"差集"命令。
② 工具栏：单击"实体编辑"|"差集"按钮 ◎。
③ 功能区：单击"默认"|"实体编辑"|"差集"按钮 ◎。
④ 命令行：输入"subtract"命令。

启动"差集"命令后，命令行操作如下。

```
命令：_region   //选择"面域"命令
选择对象：指定对角点：找到 2 个   //利用圈交的方式选择两个圆
选择对象：  //按"Enter"键
已提取 2 个环。
已创建 2 个面域。   //创建了两个面域
```

```
命令：_subtract 选择要从中减去的实体、曲面和面域……   //选择"差集"命令
选择对象：找到 1 个   //选择左侧的圆
选择对象：  //按"Enter"键
选择要减去的实体、曲面和面域……
选择对象：找到 1 个   //选择右侧的圆
选择对象：  //按"Enter"键，结果如图 3-36 所示
```

 若用户选取的面域并未相交，AutoCAD 将删除被减去的面域。

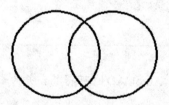

　　　选定区域　　　　　　结果：一个组合面域

图 3-36　面域的差集运算

（3）交集运算：在选中的面域中创建出相交的公共部分面域，利用"交集"命令即可进行交集运算。

启动"交集"命令，可使用以下4种方法。

① 下拉菜单：选择"修改"|"实体编辑"|"交集"命令。
② 工具栏：单击"实体编辑"|"交集"按钮⊚。
③ 功能区：单击"默认"|"实体编辑"|"交集"按钮⊚。
④ 命令行：输入"intersect"命令。

启动"交集"命令后，命令行操作如下。

```
命令：_region    //选择"面域"命令
选择对象：指定对角点：找到 2 个   //利用圈交的方式选择两个圆
选择对象：   //按"Enter"键
已提取 2 个环。
已创建 2 个面域。   //创建了两个面域
```

```
命令：_intersect   //选择"交集"命令
选择对象：指定对角点：找到 2 个   //利用圈交的方式选择两个圆
选择对象：   //按"Enter"键结束命令，结果如图 3-37 所示
```

> 提示：若用户选取的面域并未相交，AutoCAD 将删除所有选中的面域。

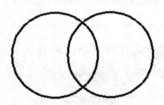

选定相交的面域　　　　　　结果

图 3-37　面域的交集运算

3．创建"边界"命令

边界（boundary）就是某个封闭区域的轮廓，使用"边界"命令可以根据封闭区域内的任一指定点来自动分析该区域的轮廓，并可通过多段线（polyline）或面域（region）的形式保存下来，如图 3-38 所示。

启动"边界"命令，可使用以下 3 种方法。

① 下拉菜单：选择"绘图"|"边界"命令。
② 功能区：单击"默认"|"绘图"|"边界"按钮▫。
③ 命令行：输入"boundary"命令。

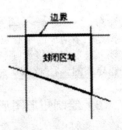

图 3-38　边界的概念

启动"边界"命令后,弹出"边界创建"对话框,如图3-39所示。

```
命令:_boundary            //选择"边界"命令
拾取内部点: 正在选择所有对象……    //单击如图3-40所示的A点
正在选择所有可见对象……
正在分析所选数据……
正在分析内部孤岛……
拾取内部点:    //按"Enter"键结束命令
boundary 已创建 1 个多段线    //创建一个多段线作为边界
```

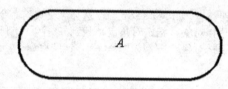

图3-39 "边界创建"对话框　　　　　图3-40 创建边界

"边界创建"对话框中可用的几个选项说明如下。

(1)拾取点:用于根据围绕指定点构成封闭区域的现有对象来确定边界。

(2)孤岛检测:控制"边界创建"命令是否检测内部闭合边界,该边界称为孤岛。

　　　　边界与面域的外观相同,但两者是有区别的。面域是一个二维区域,具有面积、周长等几何特征,而边界只是一个多段线。

3.4.3 做中学

(1)创建图形文件,保存文件名为"地板拼花.dwg"。

(2)绘制正多边形图形。选择"正多边形"命令,绘制外轮廓线,如图3-41所示。

```
命令:_polygon 输入侧面数<4>: 8    //选择"正多边形"命令,输入边的数目
指定正多边形的中心点或[边(E)]:       //确定多边形的中心点
输入选项[内接于圆(I)/外切于圆(C)]<I>: c    //输入参数c
指定圆的半径: 200   //输入圆的半径
```

(3)绘制矩形图形。选择"矩形"命令,绘制内轮廓线,如图3-41所示。

```
命令:_rectang    //选择"矩形"命令
指定第一个角点或[倒角(C)/标高(E)/圆角(F)/厚度(T)/宽度(W)]: 5
```

//捕捉中点A作为追踪参考点，向右输入偏移值
指定另一个角点或 [面积(A)/尺寸(D)/旋转(R)]：@10,-400 //输入矩形另一个角点的相对坐标

命令：_rectang //选择"矩形"命令⃞
指定第一个角点或 [倒角(C)/标高(E)/圆角(F)/厚度(T)/宽度(W)]：5
　　　　//捕捉中点B作为追踪参考点，向上输入偏移值
指定另一个角点或 [面积(A)/尺寸(D)/旋转(R)]：@400,-10 //输入矩形另一个角点的相对坐标

（4）绘制辅助圆。选择"圆"命令⊙，绘制辅助圆，如图3-42所示。

命令：_circle 指定圆的圆心或 [三点(3P)/两点(2P)/切点、切点、半径(T)]：
　　//选择"圆"命令⊙，捕捉追踪正八边形的中点
指定圆的半径或 [直径(D)]：50 //输入半径值

（5）选择"圆"命令⊙，绘制圆形内轮廓线，如图3-43所示。

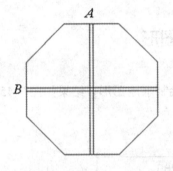 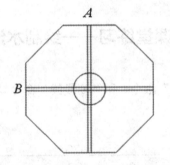 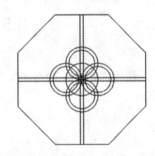

图3-41　绘制矩形图形　　　　图3-42　绘制辅助圆　　　　图3-43　绘制圆形内轮廓线

命令：_circle 指定圆的圆心或 [三点(3P)/两点(2P)/切点、切点、半径(T)]：
　　//选择"圆"命令⊙，捕捉圆的象限点
指定圆的半径或 [直径(D)]：50 //输入半径值

命令：_circle 指定圆的圆心或 [三点(3P)/两点(2P)/切点、切点、半径(T)]：
　　//选择"圆"命令⊙，捕捉圆的象限点
指定圆的半径或 [直径(D)]：40 //输入半径值

（6）创建面域。选择"面域"命令◻，将绘制的图形创建为面域。

命令：_region //选择"面域"命令◻
选择对象：指定对角点：找到 12 个　　//选择全部图形
选择对象： //按"Enter"键
所有打开的边不能共线。
已提取 12 个环。
已创建 12 个面域。

（7）对面域进行并运算。选择"修改"|"实体编辑"|"并集"命令，将圆形内轮廓

线的 4 个圆进行合并，如图 3-44（a）所示。对里面的 5 个圆进行合并，结果如图 3-44（b）所示。

（8）对面域进行差运算。选择"修改"|"实体编辑"|"差集"命令，对图形进行差运算，结果如图 3-44（c）所示。

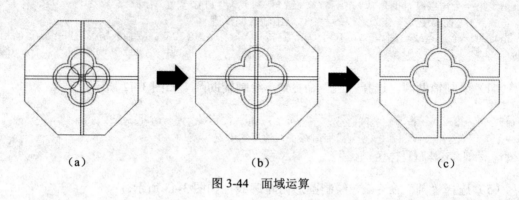

图 3-44　面域运算

3.5　课堂练习——绘制水池图形

利用"矩形"命令 ▭、"圆"命令 ⊙ 和"多段线"命令 ⤴ 绘制水池图形，结果如图 3-45 所示。

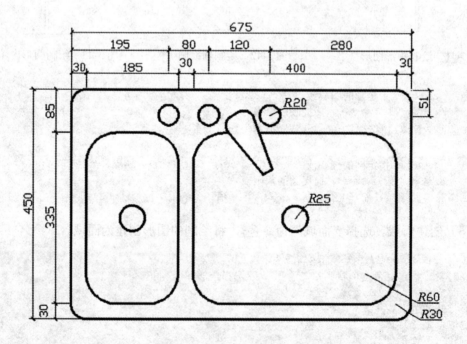

图 3-45　水池图形

3.6 课后习题——绘制洗手池图形

利用"椭圆"命令◯、"椭圆弧"命令◯、"多段线"命令◯绘制洗手池图形，结果如图 3-46 所示。

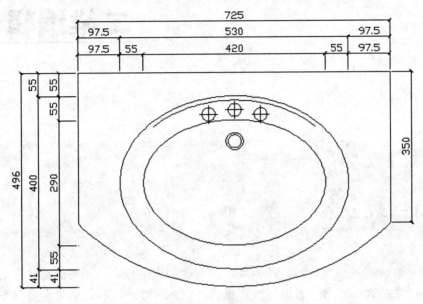

图 3-46 洗手池图形

第 4 章

二维编辑命令

学习目标

掌握如何对建筑图形进行选择和编辑，如复制图形对象、调整图形对象的位置、调整图形对象的大小或形状、编辑对象操作、倒角操作等，以获取所需的图形，从而能够快速完成一些复杂的建筑工程图的图形绘制。

主要内容

- ◇ 选择图形对象。
- ◇ 复制图形对象。
- ◇ 调整图形对象的位置。
- ◇ 调整图形对象的大小或形状。
- ◇ 编辑对象操作。
- ◇ 倒角操作。
- ◇ 利用夹点编辑图形对象。

4.1 绘制衣柜图形

4.1.1 本节任务

利用"矩形"命令 □、"阵列"命令 品 和"旋转"命令 ○ 完成衣柜图形的绘制，结果如图 4-1 所示。

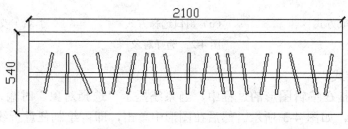

图 4-1 衣柜图形

4.1.2 背景知识

1. 选择对象

在对图形执行编辑、修改操作时，首先要对编辑的图形进行选择，即构造选择集。在选择过程中，被选中的对象将改为虚线显示，表示该对象已加入选择集。

当用户输入编辑命令后，AutoCAD 命令行出现提示：

选择对象：（用户选择要编辑的图形对象）

AutoCAD 提供了多种选择对象的方法，常用的有直接选择方式、窗口选择方式、交叉选择方式、全部方式、栏选方式和快速选择。

（1）直接选择方式。

直接选择方式是在需要选择对象时，直接拖动鼠标将拾取框压到需要选择的对象上，然后在选择的对象上单击，将其选中，如图 4-2（a）所示。

（2）窗口选择方式。

窗口选择方式是指在没有对象的空白区域按下鼠标左键，然后从左向右拖动鼠标直至拖出一个矩形区域，仅选择完全位于矩形区域中的对象，此时拖出来的矩形为实线，这里从 A 点拖动到 B 点，将选中所有图形，如图 4-2（b）所示。

（3）交叉选择方式。

交叉选择方式是指在没有对象的空白区域按下鼠标左键，然后从右向左拖动鼠标直至拖出一个矩形区域，不仅要选择完全位于矩形区域中的对象，还要选择与拖出来的矩形区域相交的对象，这里从 B 点拖动到 A 点，将选中两条直线和圆弧，如图 4-2（c）所示。

（4）全部方式。

全部方式是指在出现"选择对象:"提示时，直接输入"all"命令并按"Enter"键，将选中文件中的所有可选对象。

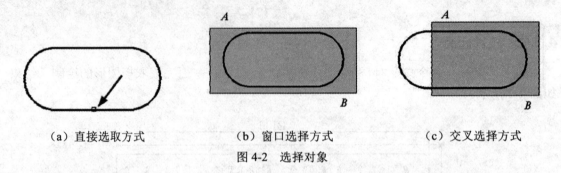

（a）直接选取方式　　　　（b）窗口选择方式　　　　（c）交叉选择方式

图 4-2　选择对象

（5）栏选方式。

栏选方式是指在编辑图形的过程中，当系统提示"选择对象"时输入"f"命令并按"Enter"键确定，如图 4-3 所示。然后在图形中单击，即可绘制任意折线，效果如图 4-4 所示，与这些折线相交的对象都将被选中。

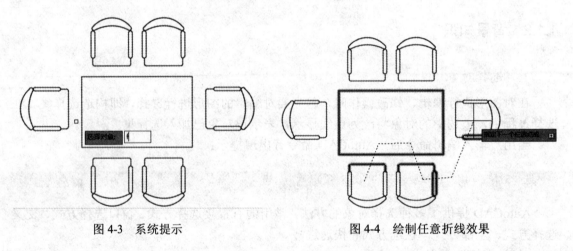

图 4-3　系统提示　　　　　　　图 4-4　绘制任意折线效果

（6）快速选择。

AutoCAD 还提供了快速选择功能，运用该功能可以一次性选择绘图区中具有某一属性的所有图形对象。启动快速选择功能的方法有以下 3 种。

① 下拉菜单：选择"工具"|"快速选择"命令。

② 命令行：输入"qselect"命令。

③ 快捷菜单：在绘图区中右击，在弹出的快捷菜单中选择"快速选择"命令，如图 4-5 所示。

执行"快速选择"命令后，将打开图 4-6 所示的"快速选择"对话框，用户可以根据所选目标的属性，一次性选择绘图区中具有该属性的所有实体。

第 4 章 二维编辑命令

图 4-5 选择"快速选择"命令

图 4-6 "快速选择"对话框

2. "偏移"命令

偏移也称为平行复制，是将选定的对象按指定距离平行地复制过去，主要绘制平行线或同心类的图形。在建筑工程图样绘制过程中，常使用该命令将单一直线或多段线生成双墙线、环形跑道、人行横道线、轴线、栏杆等。

启动"偏移"命令，可使用以下 4 种方法。

① 下拉菜单：选择"修改"|"偏移"命令。
② 工具栏：单击"修改"|"偏移"按钮 。
③ 功能区：单击"默认"|"修改"|"偏移"按钮 。
④ 命令行：输入"offset（o）"命令。

启动"偏移"命令后，命令行操作如下。

```
命令：_offset  //选择"偏移"命令
当前设置：删除源=否  图层=源  OFFSETGAPTYPE=0
指定偏移距离或 [通过(T)/删除(E)/图层(L)] <通过>:60  //指定偏移距离
选择要偏移的对象，或 [退出(E)/放弃(U)] <退出>：  //选择直线作为偏移的对象
指定要偏移的那一侧上的点，或 [退出(E)/多个(M)/放弃(U)]<退出>：  //在直线下方拾取一点
选择要偏移的对象，或 [退出(E)/放弃(U)] <退出>：  //选择圆作为偏移的对象
指定要偏移的那一侧上的点，或 [退出(E)/多个(M)/放弃(U)]<退出>：  //在圆的内侧拾取一点
选择要偏移的对象，或 [退出(E)/放弃(U)] <退出>：  //按"Enter"键退出命令，结果如图 4-7
所示
```

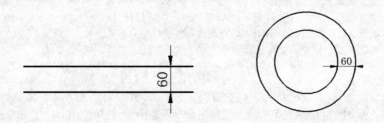

图 4-7 "偏移"命令示例

选项说明如下。

（1）通过（T）：选择等距线通过的指定点来偏移对象。

（2）图层（L）：指定对象被偏移后所显示的图层，若选中"当前（C）"，则对象被偏移后的图层为当前图层；若选中"源（S）"，则对象被偏移后的图层保持不变，仍为源图层。

3．"阵列"命令

使用"阵列"命令是指可以根据已有对象绘制出多个具有规律性的相同形体。

启动"阵列"命令，可使用以下4种方法。

① 下拉菜单：选择"修改"|"阵列"命令。

② 工具栏：单击"修改"|"矩形阵列"按钮（或"环形阵列"按钮 和"路径阵列"按钮）。

③ 功能区：单击"默认"|"修改"|"矩形阵列"按钮（或"环形阵列"按钮和"路径阵列"按钮）。

④ 命令行：输入"array（ar）"命令。

对于AutoCAD早期版本，AutoCAD 2016中的"阵列"命令变化很大，如果要按以前的方法通过对话框进行阵列，就要输入"arrayclassic"命令。

AutoCAD 2016有3种阵列方式：① 矩形阵列，阵列后对象组合成一个有行、列特征的"矩形"形体；② 环形阵列，阵列对象按某个中心点进行环形复制，阵列后的对象形成一个"环"形体；③ 路径阵列，阵列对象按用户指定的路径进行复制，阵列后的对象沿着路径实现有规律的分布。

（1）"矩形阵列"通过设置行、列数目及行、列偏移量控制复制的效果。行距、列距和阵列角度的正负值影响阵列的方向：行距、列距和阵列角度为正值，将使阵列沿 X 轴及 Y 轴的正方向并按逆时针方向阵列复制对象，负值则相反。

```
命令：_arrayrect       //选择矩形阵列
选择对象：找到 1 个  //选择如图4-8所示的矩形
选择对象：  //按"Enter"键
类型 = 矩形  关联 = 是
选择夹点以编辑阵列或 [关联(AS)/基点(B)/计数(COU)/间距(S)/列数(COL)/行数(R)/层数(L)/退出(X)] <退出>：cou  //输入选项计数cou
输入列数数或 [表达式(E)] <4>：4  //输入矩形阵列的列数
输入行数数或 [表达式(E)] <3>：4  //输入矩形阵列的行数
选择夹点以编辑阵列或 [关联(AS)/基点(B)/计数(COU)/间距(S)/列数(COL)/行数(R)/层数(L)/退出(X)] <退出>：s  //输入选项s
指定列之间的距离或 [单位单元(U)] <214.7562>：150  //输入列间距
指定行之间的距离 <194.3166>：150  //输入行间距
选择夹点以编辑阵列或 [关联(AS)/基点(B)/计数(COU)/间距(S)/列数(COL)/行数(R)/层数(L)/退出(X)] <退出>：  //按"Enter"键结束命令，如图4-8所示
```

第 4 章 二维编辑命令

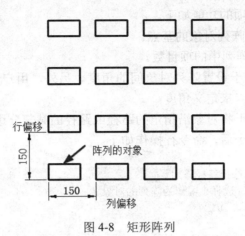

图 4-8 矩形阵列

"矩形阵列"中各选项的功能如下。

基点（B）：用于设置阵列的基点。

关联（AS）：用于设置是否在阵列中创建项目作为关联阵列对象，或者作为独立对象。

行数（R）：用于设置阵列的行数。

列数（COL）：用于设置阵列的列数。

间距（S）：用于设置对象的列偏移或行偏移距离。

（2）"环形阵列"通过设置阵列中心、阵列数目和角度控制复制的效果。

```
命令：_arraypolar    //选择环形阵列
选择对象：找到 1 个    //选择小圆作为阵列的对象
选择对象：    //按"Enter"键
类型 = 极轴  关联 = 是
指定阵列的中心点或 [基点(B)/旋转轴(A)]:    //选择大圆的中心点作为环形阵列的中心点
选择夹点以编辑阵列或 [关联(AS)/基点(B)/项目(I)/项目间角度(A)/填充角度(F)/行(ROW)/
层(L)/旋转项目(ROT)/退出(X)] <退出>: I    //输入选项I
输入阵列中的项目数或 [表达式(E)] <6>: 10    //输入阵列的数目
选择夹点以编辑阵列或 [关联(AS)/基点(B)/项目(I)/项目间角度(A)/填充角度(F)/行(ROW)/
层(L)/旋转项目(ROT)/退出(X)] <退出>:    //按"Enter"键结束命令，如图 4-9 所示
```

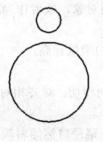   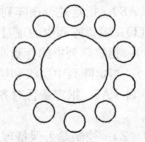

（a）阵列前的图形　　　　　　　　　　　　（b）环形阵列后的图形

图 4-9 环形阵列

"环形阵列"中各选项的功能如下。

基点（B）：用于设置阵列对象的基点。

项目（I）：用于指定阵列中的项目数。

项目间角度（A）：用于设置阵列对象间的角度。另外，用户也可通过单击右侧按钮，在绘图窗口中直接指定两点来定义角度。

（3）"路径阵列"用于将对象沿指定的路径或路径的某部分进行等距阵列。

启动"路径阵列"命令后，命令行操作如下。

```
命令：_arraypath     //选择路径阵列
选择对象：找到 1 个    //选择小圆作为阵列的对象
选择对象：    //按"Enter"键
类型 = 路径   关联 = 是
选择路径曲线：    //选择曲线作为路径曲线
选择夹点以编辑阵列或 [关联(AS)/方法(M)/基点(B)/切向(T)/项目(I)/行(R)/层(L)/对齐项目(A)/z 方向(Z)/退出(X)] <退出>：I    //输入选项I
指定沿路径的项目之间的距离或 [表达式(E)] <312.6962>：500    //输入距离
最大项目数 = 8
指定项目数或 [填写完整路径(F)/表达式(E)] <8>：    //输入项目数
选择夹点以编辑阵列或 [关联(AS)/方法(M)/基点(B)/切向(T)/项目(I)/行(R)/层(L)/对齐项目(A)/z 方向(Z)/退出(X)] <退出>：    //按"Enter"键结束命令，如图4-10所示
```

　　　　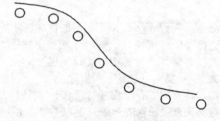

（a）阵列前的图形　　　　（b）定数等分后的路径阵列图形

图 4-10　路径阵列

"路径阵列"中各选项的功能如下。

表达式（E）：使用数学公式或方程式获取值。

关联（AS）：指定是否在阵列中创建项目作为关联阵列对象，或者作为独立对象。

项目（I）：编辑阵列中的项目数。

行（R）：指定阵列中的行数和行间距，以及它们之间的增量标高。

层（L）：指定阵列中层级和层间数。

对齐项目（A）：指定是否对齐每个项目以与路径的方向相切。对齐相对于第一个项目的方向。

z 方向（Z）：控制是否保持项目的原始 Z 方向或沿三维路径自然倾斜项目。

退出（X）：退出命令。

4. "旋转"命令

使用"旋转"命令可以将选择的图形对象按照一定的角度进行旋转，经过旋转后的图形对象的尺寸不会发生改变，只是其位置及方向发生了改变。

启动"旋转"命令，可以使用以下4种方法。

① 下拉菜单：选择"修改"|"旋转"命令。
② 工具栏：单击"修改"|"旋转"按钮。
③ 功能区：单击"默认"|"修改"|"旋转"按钮。
④ 命令行：输入"rotate(ro)"命令。

启动"旋转"命令后，命令行操作如下。

```
命令：_rotate  //选择"旋转"命令
选择对象：指定对角点：找到 5 个//用窗选方法选择要旋转的对象
选择对象：//按"Enter"键
指定基点://选取一点作为旋转中心点
指定旋转角度，或 [复制（C）/参照（R）] <0>：//所选对象相对实际旋转的角度，如图 4-11 所示
```

选项说明如下。

（1）复制（C）：旋转得到新对象后，源对象仍保留。
（2）参照（R）：以参照方式旋转对象，指定参照方向的位置和相对于参照方向的角度值。

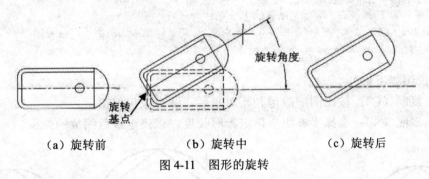

(a) 旋转前　　　(b) 旋转中　　　(c) 旋转后

图 4-11　图形的旋转

【"旋转"命令举例】对图 4-12（a）所示图形通过参照边 AB 进行旋转，使 AB 边旋转到原图 AD 边所在位置，结果如图 4-12（c）所示。

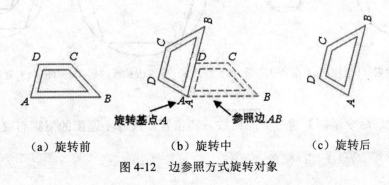

(a) 旋转前　　　(b) 旋转中　　　(c) 旋转后

图 4-12　边参照方式旋转对象

```
命令: _rotate    //选择"旋转"命令
UCS 当前的正角方向: ANGDIR=逆时针   ANGBASE=0
选择对象: 找到 2 个    //选择旋转的对象
选择对象:    //按"Enter"键
指定基点:    //指定旋转基点
指定旋转角度,或 [复制(C)/参照(R)] <0>: r    //输入 r
指定参照角 <0>:   指定第二点:   //选择端点A,第二点选择端点B
指定新角度或 [点(P)] <0>:   //选择端点D
```

5. "缩放"命令

使用"缩放"命令可以将图形对象、文字对象或尺寸对象在 X、Y 轴方向按统一比例放大或缩小,使缩放后对象的比例保持不变。

启动"缩放"命令,可以使用以下 4 种方法。

① 下拉菜单:选择"修改"|"缩放"命令。
② 工具栏:单击"修改"|"缩放"按钮🔲。
③ 功能区:单击"默认"|"修改"|"缩放"按钮🔲。
④ 命令行:输入"scale (sc)"命令。

启动"缩放"命令后,命令行操作如下。

```
命令: _scale    //选择"缩放"命令
选择对象:    //选择要进行缩放的对象
指定基点:    //选择圆心,即比例缩放的中心点
指定比例因子或 [复制(C)/参照(R)] <1>:1/2    //输入比例因子,结果如图 4-13 所示
选项说明:
```

选项说明如下。

(1) 复制(C):按比例缩放得到新对象后,源对象仍保留。
(2) 参照(R):选择"参照"指定参照长度,以确定最后缩放的效果。

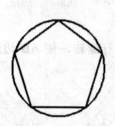 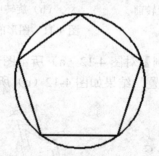 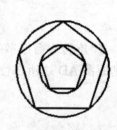

(a) 缩放前 (b) 图 (a) 缩小 1/2 后 (c) 图 (a) 参照边长缩放后 (d) 图 (a) 复制缩放后

图 4-13 缩放图形

【"缩放"命令举例】通过参照缩放,将位置、尺寸不匹配的浴缸布置到卫生间中。

```
命令: _move    //选择"移动"命令
```

```
选择对象：    //选择浴缸
选择对象：    //按"Enter"键
指定基点或 [位移(D)] <位移>：    //指定 A 点
指定第二个点或 <使用第一个点作为位移>：    //指定 E 点，如图 4-14（b）所示

命令：_rotate    //选择"旋转"命令
UCS 当前的正角方向：ANGDIR=逆时针  ANGBASE=0
选择对象：    //选择浴缸
选择对象：    //按"Enter"键
指定基点：    //指定 A 点
指定旋转角度，或 [复制(C)/参照(R)] <0>： 90    //输入旋转角度，如图 4-14（c）所示

命令：_scale    //选择"缩放"命令
选择对象：    //选择浴缸
选择对象：    //按"Enter"键
指定基点：    //指定 A 点
指定比例因子或 [复制(C)/参照(R)]： r    //输入 r
指定参照长度 <1.0000>： 指定第二点：    //指定 A 点，第二点指定 B 点
指定新的长度或 [点(P)] <1.0000>：    //指定 F 点，结果如图 4-14（d）所示
```

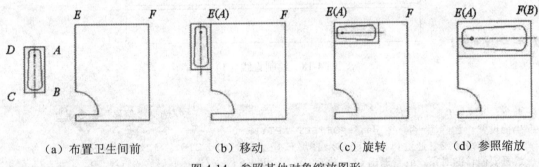

（a）布置卫生间前　　　　（b）移动　　　　（c）旋转　　　　（d）参照缩放

图 4-14　参照其他对象缩放图形

4.1.3　做中学

（1）创建图形文件，保存文件名为"衣柜.dwg"。

（2）选择"矩形"命令▫，绘制衣柜外轮廓，效果如图 4-15 所示。

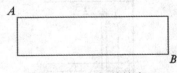

图 4-15　衣柜外轮廓

```
命令：_rectang                                                    //选择"矩形"命令
指定第一个角点或 [倒角(C)/标高(E)/圆角(F)/厚度(T)/宽度(W)]：    //确定第一个角点 A
指定另一个角点或 [面积(A)/尺寸(D)/旋转(R)]： @2100,-540    //输入 B 点的相对坐标
```

（3）选择"直线"命令 ✎，绘制直线，效果如图 4-16 和图 4-17 所示。

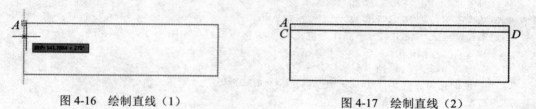

图 4-16 绘制直线（1）　　　　　　　图 4-17 绘制直线（2）

```
命令：_line 指定第一点：60            //选择"直线"命令 ✎，捕捉 A 点作为参考点，拖动鼠
标垂直向下，输入距离值 60，确定 C 点
    指定下一点或 [放弃(U)]：2100       //拖动鼠标水平向右，输入 2100，确定 D 点
    指定下一点或 [放弃(U)]：           //按"Enter"键结束命令
```

（4）选择"偏移"命令 ⌓，绘制晾杆图形，偏移图 4-17 中的直线 CD，偏移距离为 210，再次偏移直线 CD，偏移距离为 237，效果如图 4-18 所示。

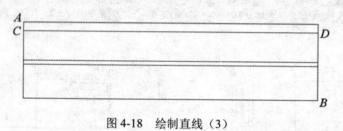

图 4-18 绘制直线（3）

```
命令：_offset                                //选择"偏移"命令 ⌓
当前设置：删除源=否   图层=源   OFFSETGAPTYPE=0
指定偏移距离或 [通过(T)/删除(E)/图层(L)] <通过>：210  //输入偏移距离值
选择要偏移的对象，或 [退出(E)/放弃(U)] <退出>：       //选择要偏移的直线 CD
指定要偏移的那一侧上的点，或 [退出(E)/多个(M)/放弃(U)] <退出>：//单击直线 CD 的下侧
选择要偏移的对象，或 [退出(E)/放弃(U)] <退出>：//按"Enter"键结束命令
```

（5）选择"矩形"命令 ▭，绘制衣架图形，效果如图 4-19 所示。

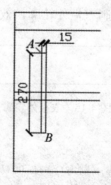

图 4-19 绘制衣架图形

```
命令：_rectang                    //选择"矩形"命令
指定第一个角点或 [倒角(C)/标高(E)/圆角(F)/厚度(T)/宽度(W)]：  //确定第一个角点A
指定另一个角点或 [面积(A)/尺寸(D)/旋转(R)]：@15,-270    //输入B点的相对坐标
```

（6）选择"矩形阵列"命令，完成衣架图形的阵列操作，效果如图4-20所示。

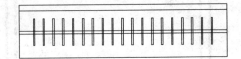

图 4-20 阵列衣架

```
命令：_arrayrect        //选择"矩形"命令
选择对象：找到 1 个    //选择矩形
选择对象：              //按"Enter"键
类型 = 矩形  关联 = 是
选择夹点以编辑阵列或 [关联(AS)/基点(B)/计数(COU)/间距(S)/列数(COL)/行数(R)/层数(L)/退出(X)] <退出>: cou    //输入选项cou
输入列数数或 [表达式(E)] <4>: 1    //输入矩形阵列的列数
输入行数数或 [表达式(E)] <3>: 19   //输入矩形阵列的行数
选择夹点以编辑阵列或 [关联(AS)/基点(B)/计数(COU)/间距(S)/列数(COL)/行数(R)/层数(L)/退出(X)] <退出>: s    //输入选项s
指定列之间的距离或 [单位单元(U)] <214.7562>: 100   //输入列间距
指定行之间的距离 <757.1648>:    //按"Enter"键
选择夹点以编辑阵列或 [关联(AS)/基点(B)/计数(COU)/间距(S)/列数(COL)/行数(R)/层数(L)/退出(X)] <退出>: as    //输入选项as
创建关联阵列 [是(Y)/否(N)] <是>: n    //不关联
选择夹点以编辑阵列或 [关联(AS)/基点(B)/计数(COU)/间距(S)/列数(COL)/行数(R)/层数(L)/退出(X)] <退出>:    //按"Enter"键结束命令
```

（7）选择"旋转"命令，旋转衣架图形。至此，衣柜图形绘制完毕。

```
命令：_rotate                              //选择"旋转"命令
UCS 当前的正角方向：ANGDIR=逆时针  ANGBASE=0
选择对象：找到 1 个                       //选择第一个矩形
选择对象：                                //按"Enter"键
指定基点：                                //单击矩形与直线的交点
指定旋转角度，或 [复制(C)/参照(R)] <0>:-5    //输入旋转角度
```

4.2 绘制单人沙发图形

4.2.1 本节任务

利用"多段线"命令、"矩形"命令、"圆角"命令绘制单人沙发图形，结果如图4-21所示。

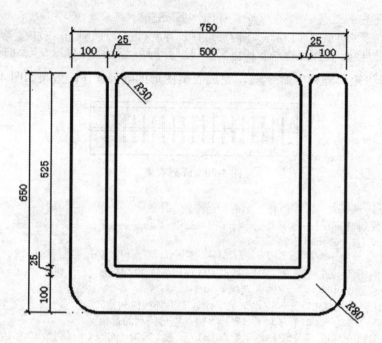

图 4-21 单人沙发图形

4.2.2 背景知识

1. "圆角"命令

使用"圆角"命令就是通过一个指定半径的圆弧来光滑地连接两个对象。

启动"圆角"命令,可以使用以下 4 种方法。

① 下拉菜单:选择"修改"|"圆角"命令。
② 工具栏:单击"修改"|"圆角"按钮◯。
③ 功能区:单击"默认"|"修改"|"圆角"按钮◯。
④ 命令行:输入"fillet(f)"命令。

启动"圆角"命令后,命令行操作如下。

```
命令:_fillet    //选择"圆角"命令◯
当前设置:模式 = 修剪,半径 = 0.0000    //系统提示当前圆角设置
选择第一个对象或 [放弃(U)/多段线(P)/半径(R)/修剪(T)/多个(M)]: r    //输入 r 并确定,
输入"半径"选项设置圆角距离
    指定圆角半径 <0.0000>: 5    //输入圆角半径
选择第一个对象或 [放弃(U)/多段线(P)/半径(R)/修剪(T)/多个(M)]:    //选择第一个对象 P1
选择第二个对象,或按住 Shift 键选择对象以应用角点或 [半径(R)]:    //选择第二个对象 P2,
如图 4-22(a)所示
    输入选项 M,可以进行多次圆角
```

【"圆角"命令举例】对图 4-22 所示的不同图形对象进行圆角操作。

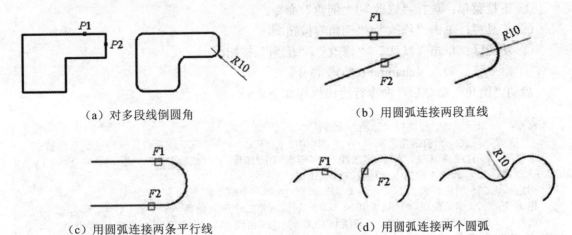

（a）对多段线倒圆角　　　　　　（b）用圆弧连接两段直线

（c）用圆弧连接两条平行线　　　（d）用圆弧连接两个圆弧

图 4-22　圆角连接

```
命令:_fillet   //选择"圆角"命令↵
当前设置: 模式 = 修剪, 半径 = 10.0000   //当前圆角半径为10
选择第一个对象或 [放弃(U)/多段线(P)/半径(R)/修剪(T)/多个(M)]:   //选择第一个对象 F1
选择第二个对象,或按住 Shift 键选择对象以应用角点或 [半径(R)]:   //选择第二个对象 F2,
如图 4-22（b）所示
```

```
命令:_fillet   //选择"圆角"命令↵
当前设置: 模式 = 修剪, 半径 = 10.0000
选择第一个对象或 [放弃(U)/多段线(P)/半径(R)/修剪(T)/多个(M)]: r   //输入 r 并确定,
输入"半径"选项设置圆角距离
指定圆角半径 <10.0000>: 0   //输入圆角半径
选择第一个对象或 [放弃(U)/多段线(P)/半径(R)/修剪(T)/多个(M)]:   //选择第一个对象 F1
选择第二个对象,或按住 Shift 键选择对象以应用角点或 [半径(R)]:   //选择第二个对象 F2,
如图 4-22（c）所示
```

```
命令:_fillet   //选择"圆角"命令↵
当前设置: 模式 = 修剪, 半径 = 0.0000   //系统提示当前圆角设置
选择第一个对象或 [放弃(U)/多段线(P)/半径(R)/修剪(T)/多个(M)]: r   //输入 r 并确定,
输入"半径"选项设置圆角距离
指定圆角半径 <0.0000>: 10   //输入圆角半径
选择第一个对象或 [放弃(U)/多段线(P)/半径(R)/修剪(T)/多个(M)]:   //选择第一个圆弧对
象 F1
选择第二个对象,或按住 Shift 键选择对象以应用角点或 [半径(R)]:   //选择第二个圆弧对象
F2,如图 4-22（d）所示
```

2．"倒角"命令

使用"倒角"命令可以在两条非平行线之间快速创建直线。倒角既可以输入每条边的倒角距离，也可以指定某条边上倒角的长度及与此边的夹角。

启动"倒角"命令，可以使用以下 4 种方法。
① 下拉菜单：选择"修改"|"倒角"命令。
② 工具栏：单击"修改"|"倒角"按钮◯。
③ 功能区：单击"默认"|"修改"|"倒角"按钮◯。
④ 命令行：输入"chamfer (cha)"命令。

启动"倒角"命令后，命令行给出操作如下。

```
命令：_chamfer    //选择"倒角"命令↵
("修剪"模式) 当前倒角距离 1 = 0.0000，距离 2 = 0.0000//系统提示当前倒角设置
选择第一条直线或 [放弃(U)/多段线(P)/距离(D)/角度(A)/修剪(T)/方式(E)/多个(M)]: d
//输入 d 并确定，选择"距离"选项设置倒角距离
指定 第一个 倒角距离 <0.0000>: 10    //输入第一个倒角距离
指定 第二个 倒角距离 <10.0000>: 20   //输入第二个倒角距离
选择第一条直线或 [放弃(U)/多段线(P)/距离(D)/角度(A)/修剪(T)/方式(E)/多个(M)]:
//选择 F1 作为第一个倒角对象
选择第二条直线，或按住 Shift 键选择直线以应用角点或 [距离(D)/角度(A)/方法(M)]:
//选择 F2 作为第二个倒角对象，如图 4-23（b）所示
```

选项说明如下。

（1）多段线（P）：在二维多段线的直线边间进行倒角（忽略圆弧段）。

（2）距离（D）：利用"距离法"进行倒角修整，设置倒角距离。

（3）角度（A）：利用"距离-角度法"进行倒角修整，如图 4-23（c）所示。

（4）修剪（T）：选择修剪模式。若选择"不修剪"，则保留倒角前的原线段，如图 4-23（d）所示。

（5）方式（E）：选择倒角的方式是采用"距离法"，还是采用"距离-角度法"。

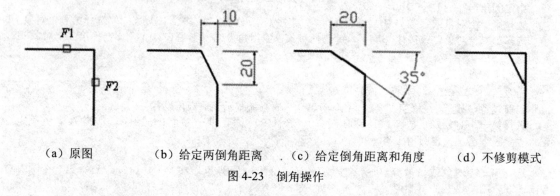

（a）原图　　（b）给定两倒角距离　　（c）给定倒角距离和角度　　（d）不修剪模式

图 4-23　倒角操作

4.2.3 做中学

（1）创建图形文件，保存文件名为"单人沙发.dwg"。

（2）绘制沙发扶手和靠背。选择"多段线"命令，绘制沙发扶手和靠背图形，如图 4-24 所示。

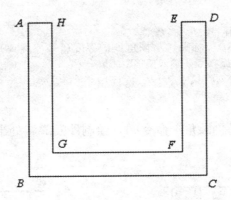

图 4-24　绘制沙发扶手和靠背图形

```
命令：_pline     //选择"多段线"命令
指定起点：    //确定 A 点
当前线宽为 0.0000
指定下一个点或 [圆弧(A)/半宽(H)/长度(L)/放弃(U)/宽度(W)]：650    //输入直线距离 AB
指定下一点或 [圆弧(A)/闭合(C)/半宽(H)/长度(L)/放弃(U)/宽度(W)]：750   //输入直线距离 BC
指定下一点或 [圆弧(A)/闭合(C)/半宽(H)/长度(L)/放弃(U)/宽度(W)]：650   //输入直线距离 CD
指定下一点或 [圆弧(A)/闭合(C)/半宽(H)/长度(L)/放弃(U)/宽度(W)]：100   //输入直线距离 DE
指定下一点或 [圆弧(A)/闭合(C)/半宽(H)/长度(L)/放弃(U)/宽度(W)]：550   //输入直线距离 EF
指定下一点或 [圆弧(A)/闭合(C)/半宽(H)/长度(L)/放弃(U)/宽度(W)]：550   //输入直线距离 FG
指定下一点或 [圆弧(A)/闭合(C)/半宽(H)/长度(L)/放弃(U)/宽度(W)]：550   //输入直线距离 GH
指定下一点或 [圆弧(A)/闭合(C)/半宽(H)/长度(L)/放弃(U)/宽度(W)]：c    //选择闭合选项
```

（3）绘制沙发坐垫。选择"矩形"命令 ▭，绘制沙发坐垫图形，如图 4-25 所示。

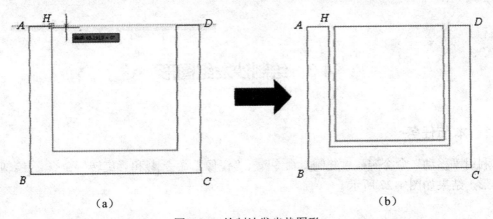

图 4-25　绘制沙发坐垫图形

```
命令：_rectang    //选择"矩形"命令□
指定第一个角点或 [倒角(C)/标高(E)/圆角(F)/厚度(T)/宽度(W)]：25
              //捕捉H点，输入偏移距离值25
指定另一个角点或 [面积(A)/尺寸(D)/旋转(R)]：@500,-525   //输入矩形另一个角点的相对
坐标
```

（4）绘制圆角。选择"圆角"命令□，绘制沙发靠背处半径为80的圆角，结果如图4-26所示。

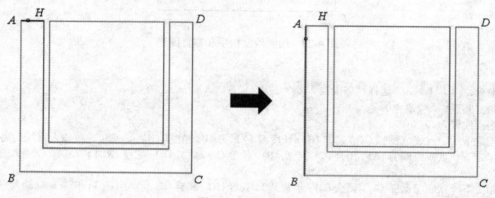

图4-26 绘制圆角

```
命令：_fillet    //选择"圆角"命令□
当前设置：模式 = 修剪，半径 = 0.0000
选择第一个对象或 [放弃(U)/多段线(P)/半径(R)/修剪(T)/多个(M)]：r   //输入半径选项
指定圆角半径 <0.0000>：30              //输入半径值
选择第一个对象或 [放弃(U)/多段线(P)/半径(R)/修剪(T)/多个(M)]：m   //选择多个选项
选择第一个对象或 [放弃(U)/多段线(P)/半径(R)/修剪(T)/多个(M)]：   //选择直线AH
选择第二个对象，或按住 Shift 键选择对象以应用角点或 [半径(R)]：   //选择直线AB
……  //多次圆角
选择第一个对象或 [放弃(U)/多段线(P)/半径(R)/修剪(T)/多个(M)]：   //按"Enter"键结束
命令
```

4.3 绘制沙发组图形

4.3.1 本节任务

利用"移动"命令、"复制"命令、"镜像"命令和"旋转"命令绘制沙发组图形，结果如图4-27所示。

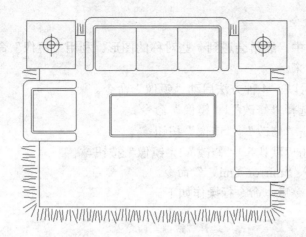

图 4-27 沙发组图形

4.3.2 背景知识

1. "复制"命令

使用"复制"命令可将图中对象选择一次或多次复制到指定的位置,原对象位置不变。
AutoCAD 可使用以下 4 种方法启动"复制"命令。

① 下拉菜单:选择"修改"|"复制"命令。
② 工具栏:单击"修改"|"复制"按钮 。
③ 功能区:单击"默认"|"修改"|"复制"按钮 。
④ 命令行:输入"copy(co)"命令。

启动"复制"命令后,命令行操作如下。

```
命令:_copy    //选择"复制"命令
选择对象:找到 1 个    //选择图 4-28 中的小圆为复制对象
选择对象:    //按"Enter"键
当前设置:  复制模式 = 多个
指定基点或 [位移(D)/模式(O)] <位移>:    //指定 A 点为基点
指定第二个点或 [阵列(A)] <使用第一个点作为位移>:    //捕捉交点 B 作为目标点
指定第二个点或 [阵列(A)/退出(E)/放弃(U)] <退出>:    //捕捉交点 C 作为目标点
指定第二个点或 [阵列(A)/退出(E)/放弃(U)] <退出>:    //按"Enter"键,进行多重复制直至完成
```

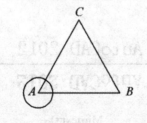
(a)复制前

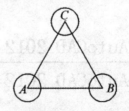
(b)复制后

图 4-28 "复制"命令举例

2. "镜像"命令

在实际绘图过程中，经常会遇到一些对称的图形。利用"镜像"命令就可以对称地将另一部分图形复制出来。

AutoCAD 可使用以下 4 种方法启动"镜像"命令。

① 下拉菜单：选择"修改"|"镜像"命令。
② 工具栏：单击"修改"|"镜像"按钮 。
③ 功能区：单击"默认"|"修改"|"镜像"按钮 。
④ 命令行：输入"mirror（mi）"命令。

启动"镜像"命令后，命令行操作如下。

```
命令：_mirror              //选择"镜像"命令
选择对象：                  //选择要镜像的源对象
选择对象：                  //按"Enter"键
指定镜像线的第一点：A       //给出镜像线上第一点 A
指定镜像线的第二点：B       //给出镜像线上第二点 B
要删除源对象吗？[是(Y)/否(N)] <N>   //按"Enter"键，默认选项"N"，不删除源对象，
如图 4-29（b）所示
如果在"要删除源对象吗？[是(Y)/否(N)] <N>"的选项上选择"Y"，则将源对象从结果中删
除，如图 4-29（c）所示
```

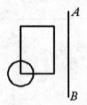　　　　　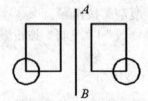　　　　　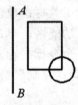

　　(a) 源对象　　　　　　(b) 镜像后（保留源对象）　　　　(c) 镜像后（删除源对象）

图 4-29　"镜像"命令举例

> 提示　系统变量的参数值会影响到文字镜像结果，如图 4-30 所示。当 Mirrtext=1 时，文字对象同其他对像一样镜像处理；当 Mirrtext=0 时，文字不作镜像处理，在命令行直接输入"Mirrtext"命令，可重新设置 Mirrtext 参数值。

　　　Mirrtext=0　　　　　　　　　　　　　　　　Mirrtext=1

图 4-30　镜像复制文字

3. "移动"命令

移动图形的过程与复制图形基本相似,用户可以将原对象按照指定角度和方向进行移动,也可使用坐标、栅格、对象捕捉等工具精确地移动对象。

启动"移动"命令,可以使用以下4种方法。

① 下拉菜单:选择"修改"|"移动"命令。
② 工具栏:单击"修改"|"移动"按钮 。
③ 功能区:单击"默认"|"修改"|"移动"按钮 。
④ 命令行:输入"move(m)"命令。

启动"移动"命令后,命令行操作如下。

```
命令:_move                    //选择"移动"命令
选择对象:找到 3 个  //选择图4-31(a)中的洗手池图形
选择对象:                     //按"Enter"键
指定基点或[位移(D)]<位移>://指定移动的基点
指定第二个点或<使用第一个点作为位移>://捕捉移动第二点,如图4-31(b)所示
```

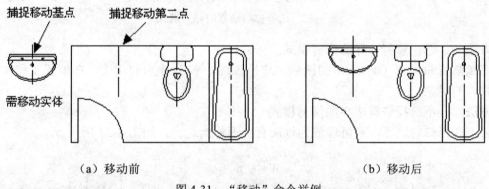

(a)移动前　　　　　　　　　　(b)移动后

图4-31　"移动"命令举例

4. "修剪"命令

"修剪"命令是比较常用的编辑工具。在绘制图形对象时,首先要粗略地绘制一些图形对象,然后利用"修剪"命令将多余的线段修剪掉。

启动"修剪"命令,可以使用以下4种方法。

① 下拉菜单:选择"修改"|"修剪"命令。
② 工具栏:单击"修改"|"修剪"按钮 。
③ 功能区:单击"默认"|"修改"|"修剪"按钮 。
④ 命令行:输入"trim(tr)"命令。

启动"修剪"命令后,命令行操作如下。

```
命令:_trim                    //选择"修剪"命令
当前设置:投影=UCS,边=无
选择剪切边……
```

```
选择对象或 <全部选择>：找到 1 个        //选择剪切边 A
选择对象：找到 1 个，总计 2 个          //选择剪切边 B
选择对象：  //按"Enter"键
选择要修剪的对象，或按住 Shift 键选择要延伸的对象，或[栏选(F)/窗交(C)/投影(P)/边(E)/
删除(R)/放弃(U)]：  //在位置 1 处选择被修剪的对象
选择要修剪的对象，或按住 Shift 键选择要延伸的对象，或[栏选(F)/窗交(C)/投影(P)/边(E)/
删除(R)/放弃(U)]：  //在位置 3 处选择被修剪的对象
选择要修剪的对象，或按住 Shift 键选择要延伸的对象，或[栏选(F)/窗交(C)/投影(P)/边(E)/
删除(R)/放弃(U)]：  //按"Enter"键结束命令，结果如图 4-32（c）所示
```

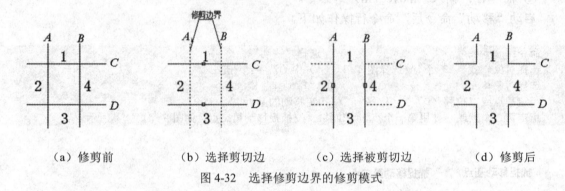

（a）修剪前　　　　（b）选择剪切边　　　（c）选择被剪切边　　　（d）修剪后

图 4-32　选择修剪边界的修剪模式

方法一：选择修剪边界的修剪模式

继续修剪图 4-32（d）所示的图形，选择直线 C 和 D 作为剪切边，在位置 2 和 4 处选择被修剪的对象。

方法二：不选择修剪边界的修剪模式

若不选择修剪边界，则可理解为以所有图形作为边界，如图 4-33 所示。

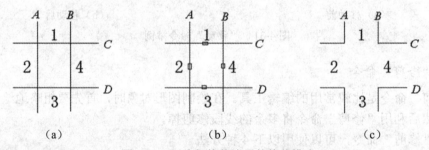

（a）　　　　　　　　　（b）　　　　　　　　　（c）

图 4-33　不选择修剪边界的修剪模式

```
命令：_trim  //选择"修剪"命令
当前设置：投影=UCS，边=无
选择剪切边……
选择对象或 <全部选择>：  //不选择剪切边，直接按"Enter"键
选择要修剪的对象，或按住 Shift 键选择要延伸的对象，或[栏选(F)/窗交(C)/投影(P)/边(E)/
删除(R)/放弃(U)]：  //在位置 1 处选择被修剪的对象
选择要修剪的对象，或按住 Shift 键选择要延伸的对象，或[栏选(F)/窗交(C)/投影(P)/边(E)/
删除(R)/放弃(U)]：  //在位置 2 处选择被修剪的对象
```

选择要修剪的对象,或按住 Shift 键选择要延伸的对象,或[栏选(F)/窗交(C)/投影(P)/边(E)/
删除(R)/放弃(U)]:   //在位置 3 处选择被修剪的对象
选择要修剪的对象,或按住 Shift 键选择要延伸的对象,或[栏选(F)/窗交(C)/投影(P)/边(E)/
删除(R)/放弃(U)]:   //在位置 4 处选择被修剪的对象
选择要修剪的对象,或按住 Shift 键选择要延伸的对象,或[栏选(F)/窗交(C)/投影(P)/边(E)/
删除(R)/放弃(U)]:   //按"Enter"键结束命令
```

> **提示**：上述图形利用第 2 种方法修剪比较方便,但并非所有的修剪工作都要采用这种模式。

### 5. "分解"命令

如果要对多段线、图案填充、矩形、块等由多个对象组成的组合对象进行单个编辑,就需要使用"分解"命令将其分解成单一的对象,然后对其进行编辑。

启动"分解"命令,有以下 4 种方法。

① 下拉菜单：选择"修改"|"分解"命令。
② 工具栏：单击"修改"|"分解"按钮。
③ 功能区：单击"默认"|"修改"|"分解"按钮。
④ 命令行：输入"explode（x）"命令。

启动"分解"命令后,命令行操作如下。

```
命令：_explode                    //选择"分解"命令
选择对象：                        //选择要分解的对象正六边形
选择对象：                        //按"Enter"键结束命令,结果如图 4-34 所示
```

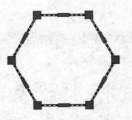 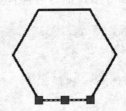

(a) 分解前   (b) 分解后

图 4-34　分解图形

正六边形在分解前是一个独立的图形对象,分解后由 6 条线段组成。

> **提示**：执行"分解"命令后,就会将对象分解成单个的图形。在 AutoCAD 中,多线、多段线、矩形、多边形都是由几个基本的图形元素组成的集合体,"分解"命令对它们也适用。如果多段线（Pline）被定义了线宽,那么在执行"分解"命令后,线宽参数将不再起作用。
```

6. "合并"命令

使用合并命令，可以将多个对象合并成一个完整的对象。

启动"合并"命令，可以使用以下 4 种方法。

① 下拉菜单：选择"修改"|"合并"命令。
② 工具栏：单击"修改"|"合并"按钮 ⤙。
③ 功能区：单击"默认"|"修改"|"合并"按钮 ⤙。
④ 命令行：输入"join（j）"命令。

启动"合并"命令后，命令行操作如下。

```
命令：_join
选择源对象或要一次合并的多个对象：    指定对角点：找到 6 个    //选择"合并"命令 ⤙，选择
如图 4-34（b）所示的正六边形
选择要合并的对象：    //按"Enter"键结束命令
6 个对象已转换为 1 条多段线
```

7. "延伸"命令

AutoCAD 提供了"延伸"命令，可以方便快速地对图形对象进行延伸。该命令要求用户首先定义一个剪切边界，然后再用此边界剪切对象的一部分。

启动"延伸"命令，可以使用以下 4 种方法。

① 下拉菜单：选择"修改"|"延伸"命令。
② 工具栏：单击"修改"|"延伸"按钮 ⟶/。
③ 功能区：单击"默认"|"修改"|"延伸"按钮 ⟶/。
④ 命令行：输入"extend（ex）"命令。

启动"延伸"命令后，命令行操作如下。

```
命令：_extend                          //选择"延伸"命令 ⟶/
当前设置：投影=UCS，边=无
选择边界的边……
选择对象或 <全部选择>：找到 1 个    //选择边界对象，可以是直线、弧、多段线、椭圆、椭圆弧，
如图 4-35（b）所示
选择对象：                           //按"Enter"键
选择要延伸的对象，或按住 Shift 键选择要修剪的对象，或[栏选（F）/窗交（C）/投影（P）/
边（E）/放弃（U）]：//选择要延伸的对象，直至延伸完成，延伸效果如图 4-35(d)所示
```

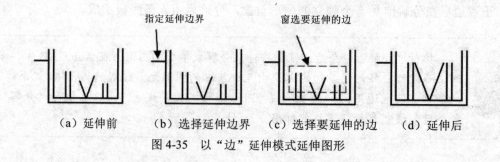

（a）延伸前　　（b）选择延伸边界　　（c）选择要延伸的边　　（d）延伸后

图 4-35 以"边"延伸模式延伸图形

选项说明如下。

（1）按住"Shift"键选择要修剪的对象：即执行"修剪"命令。
（2）边（E）：选择延伸边的模式，与"修剪"命令含义相似。

> 提示："延伸"命令的操作过程与"修剪"命令相似，可按照"选择边界对象"｜"按'Enter'键"｜"选择延伸对象"的步骤进行。

8. "拉伸"命令

使用拉伸命令可以将对象沿着指定的方向和角度进行拉长或缩短，在操作过程中，只能以交叉窗口方式选择对象，与窗口相交的对象（包括包含在内的）通过改变窗口内夹点位置的方式来改变对象的形状。窗口内的对象仅发生位置的变化，而不发生形状的变化，如图4-36所示。

启动"拉伸"命令，可以使用以下4种方法。
① 下拉菜单：选择"修改"｜"拉伸"命令。
② 工具栏：单击"修改"｜"拉伸"按钮 。
③ 功能区：单击"默认"｜"修改"｜"拉伸"按钮 。
④ 命令行：输入"stretch（s）"命令。

启动"拉伸"命令后，命令行操作如下。

```
命令：_stretch                    //选择"拉伸"命令
以交叉窗口或交叉多边形选择要拉伸的对象……
选择对象：                        //交叉方式选择拉伸对象
选择对象：                        //按"Enter"键
指定基点或 [位移（D）] <位移>：    //指定A点为拉伸的基点
指定位移的第二个点或<使用第一个点作为位移>：100 //输入距离值，结果如图4-36（c）所示
```

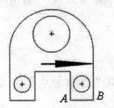 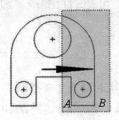 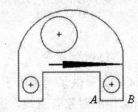

　　（a）拉伸前　　　（b）交叉方式选择拉伸对象　　（c）以A点为拉伸的基点

图4-36　拉伸图形

> 提示：使用"拉伸"命令时要注意以下两点。
> （1）必须采用"交叉窗口"选择，即从右到左选择。
> （2）选择的范围很关键，若将对象全部选中，则对象将执行"移动"操作，一般该操作针对选择部分对象的拉伸。

9. "拉长"命令

执行"拉长"命令,可以修改线段或圆弧的长度。

启动"拉长"命令,可使用以下3种方法。

① 下拉菜单:选择"修改"|"拉长"命令。

② 功能区:单击"默认"|"修改"|"拉长"按钮 。

③ 命令行:输入"lengthen(len)"命令。

启动"拉长"命令后,命令行操作如下。

```
命令:_lengthen        //选择"修改"|"拉长"命令
选择要测量的对象或 [增量(DE)/百分比(P)/总计(T)/动态(DY)] <总计(T)>:
        //选定对象
当前长度:1326.7477    //给出选定对象的长度,若选择圆弧则将给出圆弧的包含角
选择要测量的对象或 [增量(DE)/百分比(P)/总计(T)/动态(DY)] <总计(T)>: de
    //输入选项 de
输入长度增量或 [角度(A)] <0.0000>: 100    //输入长度增量数值
选择要修改的对象或 [放弃(U)]:     //选择要修改的对象
选择要修改的对象或 [放弃(U)]:     //按"Enter"键结束命令
```

选项说明如下。

(1)选择对象:选择直线或圆弧后,分别显示直线的长度或圆弧的弧长和包含角等信息。

(2)增量(DE):用增量控制直线和圆弧的拉长或缩短。其中,正值为拉长量,负值为缩短量。对于圆弧段,可选角度(A),指定圆弧的包含角增量来修改圆弧的长度。

(3)百分比(P):以相对于原长度的百分比来控制原直线或圆弧的伸缩。若输入75,则为75%,即缩短25%;若输入125,则为125%,即伸长25%,因此必须用正数输入。

(4)总计(T):以给定直线新的总长度或圆弧的新包含角来改变长度。

(5)动态(DY):进入拖动模式,可拖动直线段、圆弧段、椭圆弧段一端进行拉长或缩短。

10. "打断"命令

AutoCAD 提供了两种用于打断对象的命令:"打断"命令和"打断于点"命令,可以进行打断操作的对象有直线、圆、圆弧、多段线、椭圆和样条曲线等。

(1)"打断"命令。

使用"打断"命令可以将对象指定两点间的部分删除,或者将一个对象打断成两个具有同一端点的对象。

启动"打断"命令,可以使用以下4种方法。

① 下拉菜单:选择"修改"|"打断"命令。

② 工具栏:单击"修改"|"打断"按钮 。

③ 功能区:单击"默认"|"修改"|"打断"按钮 。

④ 命令行:输入"break(br)"命令。

启动"打断"命令后,命令行操作如下。

```
命令: _break
选择对象:      //选择"打断"命令□，在图 4-37 中的位置 1 选择对象，选择对象的位置默认为打断
的起始位置
指定第二个打断点 或 [第一点（F）]:      //在图 4-37 中的位置 2 指定打断的终止位置
```

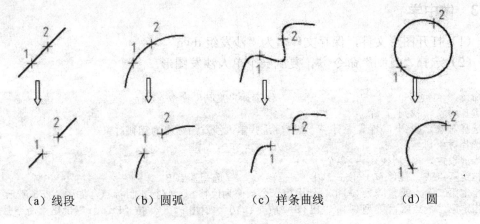

　　（a）线段　　　　　（b）圆弧　　　　　（c）样条曲线　　　　（d）圆

图 4-37　不同图形对象的打断操作

选项说明如下。

① 第二个打断点可以不在对象上，AutoCAD 将自动计算出对象上的最近点作为第二个打断点。

② 在"指定第二个打断点"提示下，若输入"@"，表示第二个打断点与第一个打断点重合，这时可以将对象分成两部分，而不删除对象。

③ 若拾取位置不是第一打断点，需要另行确定第一个打断点，则在"指定第二个打断点或[第一点（F）]:"提示下输入选项"F"，按"Enter"键后重新选择第一个打断点。

④ 打断圆时，从第一个打断点到第二个打断点之间的逆圆弧被切掉。

 单击"打断于点"按钮□，可以将选定的对象切断为两个对象。

（2）"打断于点"命令。

"打断于点"命令要求先选择被打断的对象，然后选择第一个打断点，不需要选择第二个打断点，对象在第一个打断点一分为二。该命令实际上是打断命令的变形。

启动"打断于点"命令，可以使用以下 3 种方法。

① 工具栏：单击修改工具栏中的"打断于点"按钮□。

② 功能区：单击修改面板中的"打断于点"按钮□。

③ 命令行：输入"break（br）"命令。

启动"打断于点"命令后，命令行操作如下。

```
命令：_break　//选择"打断于点"命令
选择对象：　　//选择要打断的对象
指定第二个打断点 或 [第一点(F)]：_f　//系统自动执行"第一点（F）"选项
指定第一个打断点：　　//选择打断点
指定第二个打断点：@　//系统自动忽略此提示
```

4.3.3 做中学

（1）打开图形文件，保存文件名为"沙发组.dwg"。
（2）选择"复制"命令，复制一个单人沙发图形。

```
命令：_copy　　　　　　　//选择"复制"命令
选择对象：找到 1 个
选择对象：找到 1 个，总计 2 个　//选择单人沙发图形作为复制对象
选择对象：　　　　　　//按"Enter"键
当前设置：复制模式 = 多个
指定基点或 [位移(D)/模式(O)] <位移>：　//选择基点 B
指定第二个点或 [阵列(A)] <使用第一个点作为位移>：//指定目标点，如图 4-38 所示
指定第二个点或 [阵列(A)/退出(E)/放弃(U)] <退出>：//按"Enter"键结束命令
```

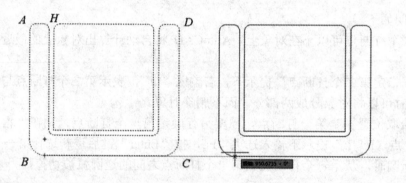

图 4-38　复制单人沙发图形

（3）在单人沙发图形的基础上，绘制双人沙发图形。选择"分解"命令，分解沙发扶手靠背图形，如图 4-39 所示。选择"删除"命令，删除如图 4-40 所示的虚线图形，效果如图 4-41 所示。

```
命令：_explode　//选择"分解"命令
选择对象：找到 1 个　//选择沙发扶手靠背图形
选择对象：　　//按"Enter"键结束命令
```

```
命令：_erase　//选择"删除"命令
选择对象：　//选择如图 4-40 所示的虚线图形
选择对象：　//按"Enter"键结束命令
```

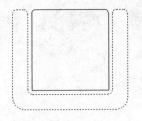 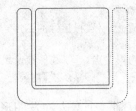 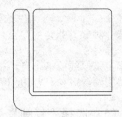

图 4-39　分解沙发靠背扶手图形　　图 4-40　删除沙发右侧扶手　　图 4-41　删除沙发右侧扶手

选择"直线"命令，绘制一条边界线，如图 4-42（a）所示。选择"延伸"命令 -/，调整沙发靠背后侧的直线，如图 4-42 所示。

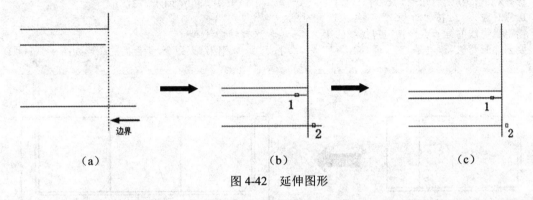

图 4-42　延伸图形

```
命令：_extend    //选择"延伸"命令 -/
当前设置：投影=UCS，边=无
选择边界的边……
选择对象或 <全部选择>：找到 1 个   //选择如图 4-42（a）所示的边界
选择对象：   //按"Enter"键
选择要延伸的对象，或按住 Shift 键选择要修剪的对象，或[栏选(F)/窗交(C)/投影(P)/边(E)/
放弃(U)]：   //选择位置 1 处作为延伸的对象，如图 4-42（b）所示
选择要延伸的对象，或按住 Shift 键选择要修剪的对象，或[栏选(F)/窗交(C)/投影(P)/边(E)/
放弃(U)]：   //按住"Shift"键选择位置 2 处修剪对象，如图 4-42（c）所示
选择要延伸的对象，或按住 Shift 键选择要修剪的对象，或[栏选(F)/窗交(C)/投影(P)/边(E)/
放弃(U)]：   //按"Enter"键结束命令
```

最后删除作为边界的直线。

（4）选择"镜像"命令 ⚊，镜像图形，结果如图 4-43 所示。

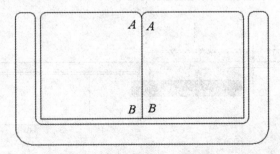

图 4-43　镜像双人沙发图形

```
命令：_mirror   //选择"镜像"命令
选择对象：指定对角点：找到 10 个   //选择镜像的图形
选择对象：   //按"Enter"键结束选择对象
指定镜像线的第一点：指定镜像线的第二点：   //选择镜像线 AB
要删除源对象吗？[是(Y)/否(N)] <N>：   //按"Enter"键结束命令
```

（5）选择"复制"命令，复制一个双人沙发图形。

（6）在双人沙发图形的基础上，绘制三人沙发图形。选择"删除"命令，删除沙发右侧的扶手图形。选择"直线"命令，绘制沙发靠垫的中心线 AB，如图 4-44（a）所示。

```
命令：_mirror   //选择"镜像"命令
选择对象：指定对角点：找到 10 个   //选择如图 4-44（a）所示的虚线图形
选择对象：   //按"Enter"键结束选择对象
指定镜像线的第一点：指定镜像线的第二点：   //选择镜像线 AB
要删除源对象吗？[是(Y)/否(N)] <N>：   //按"Enter"键结束命令，镜像后的图形如图 4-44(b)所示
```

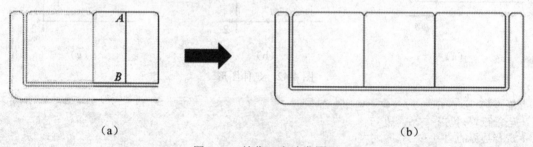

图 4-44　镜像三人沙发图形

（7）选择"移动"命令、"旋转"命令旋转沙发组。

```
命令：_rotate   //选择"旋转"命令
UCS 当前的正角方向：ANGDIR=逆时针  ANGBASE=0
选择对象：指定对角点：找到 23 个   //选择三人沙发图形
选择对象：   //按"Enter"键结束选择对象
指定基点：   //选择 A 点作为基点
指定旋转角度，或 [复制(C)/参照(R)] <0>：180   //输入旋转角度，如图 4-45 所示
```

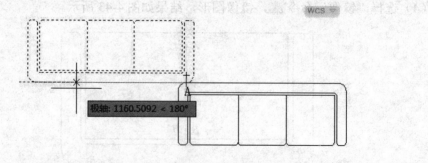

图 4-45　旋转三人沙发图形

```
命令：_move    //选择"移动"命令
选择对象：指定对角点：找到 23 个    //选择三人沙发图形
选择对象：    //按"Enter"键结束选择对象
指定基点或 [位移(D)] <位移>：    //选择三人沙发图形的基点
指定第二个点或 <使用第一个点作为位移>：    //选择目标点，如图 4-46 所示
```

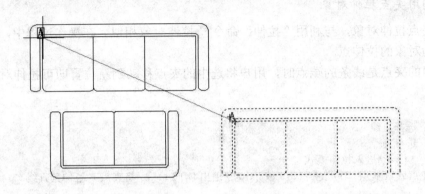

图 4-46　移动三人沙发图形

（8）最终效果如图 4-47 所示。

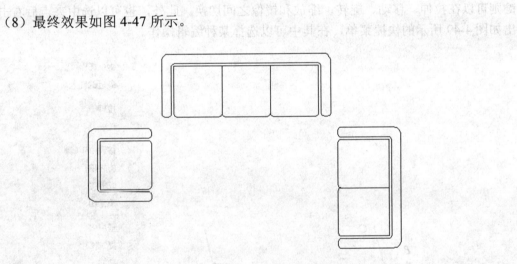

图 4-47　移动、旋转之后的沙发组图形

（9）利用"矩形"命令▭、"圆"命令◉、"直线"命令╱绘制茶几、角几和地毯。

4.4　利用夹点编辑图形对象

4.4.1　本节任务

本节的任务是掌握夹点编辑图形对象的方法。

4.4.2 背景知识

夹点是一些实心的小方框。使用定点设备指定对象时,对象关键点上将出现夹点。拖动这些夹点可以快速拉伸、移动、旋转、缩放或镜像对象。

1. 利用夹点拉伸对象

利用夹点拉伸对象,与利用"拉伸"命令 拉伸对象相似。在操作过程中,用户选中的夹点即为对象的拉伸点。

当选中的夹点是线条的端点时,用户将选中的夹点移动到新位置即可拉伸对象,如图4-48所示。

```
命令: //选择直线 AB
命令: //选择夹点 B
** 拉伸 **    //进入拉伸模式
指定拉伸点或 [基点(B)/复制(C)/放弃(U)/退出(X)]:   //将夹点 B 拉伸到直线 CD 的中点
```

利用夹点进行编辑时,选中夹点后,系统直接默认的操作为拉伸,若连续按"Enter"键则可以在拉伸、移动、旋转、缩放和镜像之间切换。此外,也可以选中夹点后右击,弹出如图4-49所示的快捷菜单,在其中可以选择某种编辑操作。

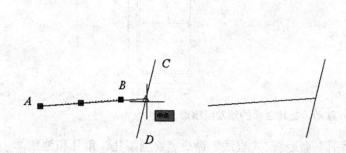

图 4-48　利用夹点拉伸对象

图 4-49　快捷菜单

1. 打开正交状态后,就可以利用夹点拉伸方式方便地改变水平或竖直线段的长度。

2. 文字、块参照、直线中点、圆心和点对象上的夹点将移动对象,而不是拉伸对象。

2. 利用夹点移动或复制对象

利用夹点移动、复制对象，与使用"移动"工具 和"复制"工具 移动、复制对象相似。在操作过程中，选中的夹点即为对象的移动点，用户也可以指定其他点作为移动点。

利用夹点移动、复制对象，如图 4-50 所示。

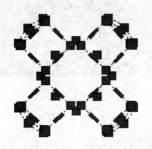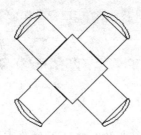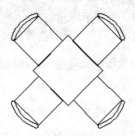

图 4-50　利用夹点移动、复制对象

```
命令：指定对角点或 [栏选(F)/圈围(WP)/圈交(CP)]：　//窗口选择桌椅图形
命令：//选择任意夹点
** 拉伸 **
指定拉伸点或 [基点(B)/复制(C)/放弃(U)/退出(X)]:_move　//在选中的夹点上右击，选择
"移动"命令
** MOVE **
指定移动点 或 [基点(B)/复制(C)/放弃(U)/退出(X)]: c　//选择"复制"选项
** MOVE （多个）**
指定移动点 或 [基点(B)/复制(C)/放弃(U)/退出(X)]:　//确定复制的位置
** MOVE （多个）**
指定移动点 或 [基点(B)/复制(C)/放弃(U)/退出(X)]:　//按"Enter"键结束命令
```

3. 利用夹点旋转对象

利用夹点旋转对象，与利用"旋转"工具 旋转对象相似。在操作过程中，选中的夹点即为对象的旋转中心，用户也可以指定其他点作为旋转中心。

利用夹点旋转对象，如图 4-51 所示。

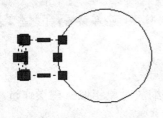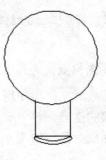

图 4-51　利用夹点旋转对象

```
命令：指定对角点或 [栏选(F)/圈围(WP)/圈交(CP)]：   //交叉框选椅子图形
命令：//单击任意夹点
** 拉伸 **
指定拉伸点或 [基点(B)/复制(C)/放弃(U)/退出(X)]: _rotate   //在夹点上右击，选择"旋
转"命令
** 旋转 **
指定旋转角度或 [基点(B)/复制(C)/放弃(U)/参照(R)/退出(X)]: b   //输入b
指定基点：  //捕捉桌子的圆心
** 旋转 **
指定旋转角度或 [基点(B)/复制(C)/放弃(U)/参照(R)/退出(X)]: 90   //输入旋转的角度
```

4. 利用夹点镜像对象

利用夹点镜像对象，与使用"镜像"工具 镜像对象相似。在操作过程中，选中的夹点为镜像线的第一点，在选取第二点后，即可形成一条镜像线。

利用夹点镜像对象，如图4-52所示。

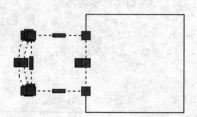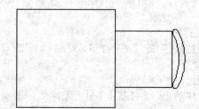

图4-52 利用夹点镜像对象

```
命令：指定对角点或 [栏选(F)/圈围(WP)/圈交(CP)]：   //交叉框选椅子图形
命令：//单击任意夹点
** 拉伸 **
指定拉伸点或 [基点(B)/复制(C)/放弃(U)/退出(X)]: _mirror   //在夹点上右击，选择"镜
像"命令
** 镜像 **
指定第二点或 [基点(B)/复制(C)/放弃(U)/退出(X)]: b   //输入b
指定基点：  //单击桌子上侧水平直线中点
** 镜像 **
指定第二点或 [基点(B)/复制(C)/放弃(U)/退出(X)]：  //单击桌子下侧水平直线中点
```

5. 利用夹点缩放对象

利用夹点缩放对象，与使用"缩放"工具 缩放对象相似。在操作过程中，选择的夹点即为缩放对象的基点。

利用夹点缩放对象，如图4-53所示。

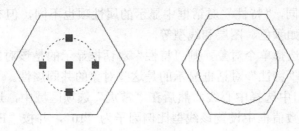

图 4-53　利用夹点缩放对象

```
命令：//选择圆
命令：//选择圆心处的夹点
** 拉伸 **
指定拉伸点或 [基点(B)/复制(C)/放弃(U)/退出(X)]：_scale  //在夹点上右击，选择"缩
放"命令
** 比例缩放 **
指定比例因子或 [基点(B)/复制(C)/放弃(U)/参照(R)/退出(X)]：1.5  //输入比例因子
```

6. 编辑图形对象属性

对象属性是指 AutoCAD 赋予图形对象的颜色、线型、图层、高度和文字样式等属性。例如，直线包含图层、线型和颜色等，而文本则具有图层、颜色、字体和字高等。编辑图形对象属性一般可利用"特性"命令，启用该命令后，会弹出"特性"对话框，通过此对话框可以编辑图形对象的各项属性。

启用"特性"命令，可以使用以下 4 种方法。

① 下拉菜单：选择"修改"|"特性"命令。
② 工具栏：单击"标准"|"特性"按钮 。
③ 功能区：单击"视图"|"选项板"|"特性"按钮 。
④ 命令行：输入"properties"或"ddmodify"命令。

下面通过简单的例子说明修改图形对象属性的操作过程，在该例子中需要将中心线的线型比例放大，如图 4-54 所示。

（1）选择要进行属性编辑的中心线。
（2）单击"标准"工具栏中的"特性"按钮 ，弹出"特性"对话框，如图 4-55 所示。

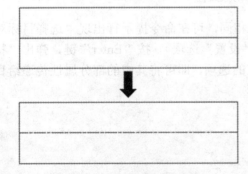

图 4-54　修改图形对象属性

图 4-55　"特性"对话框

根据所选对象不同,"特性"对话框中显示的属性项也不同,但有一些属性项几乎是所有对象都拥有的,如颜色、图层和线型等。

若用户在绘图区选择单个对象,则"特性"对话框显示的是该对象的特性;若用户选择的是多个对象,则"特性"对话框显示的是这些对象的共同属性。

(3)在绘图窗口中选择中心线,然后在"常规"选项区域中,选择"线型比例"选项,接着在其右侧的数值框中设置该线型比例因子为"10",并按"Enter"键,则图形窗口中的中心线立即更新。

7. 匹配图形对象属性

"特性匹配"是一个非常有用的编辑命令,利用此命令可将源对象的属性(如颜色、图层和线型等)传递给目标对象。

启用"特性匹配"命令,可以使用以下3种方法。

① 下拉菜单:选择"修改"|"特性匹配"命令。
② 工具栏:单击"标准"|"特性匹配"按钮📝。
③ 命令行:输入"matchprop(ma)"命令。

选择"修改"|"特性匹配"命令,编辑图4-56所示的图形。

```
命令:'_matchprop   //选择"特性匹配"命令📝
选择源对象:   //选择中心线图形
当前活动设置:  颜色 图层 线型 线型比例 线宽 透明度 厚度 打印样式 标注 文字 图案填充 多段线 视口 表格材质 阴影显示 多重引线
选择目标对象或 [设置(S)]:   //选择直线图形
选择目标对象或 [设置(S)]:   //按"Enter"键结束命令
```

选择源对象后,光标将变成类似"刷子"的形状,此时可用此光标选取接受属性匹配的目标对象。

图4-56 匹配图形对象属性

若用户仅想使目标对象的部分属性与源对象相同,可在命令提示行出现"选择目标对象或[设置(S)]:"时,输入字母"s"(即选择"设置"选项)。按"Enter"键,弹出"特性设置"对话框,如图4-57所示,从中设置相应的选项,即可将其中的部分属性传递给目标对象。

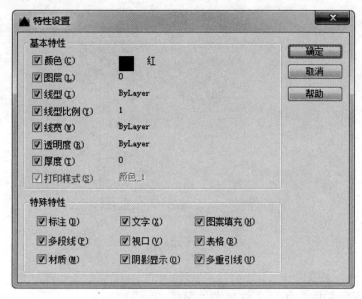

图 4-57 "特性设置"对话框

4.4.3 做中学

【任务 1】将图 4-58（a）中的凹槽拉伸到新位置，结果如图 4-58（c）所示。

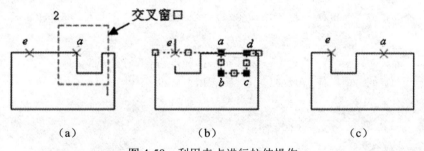

（a）　　　　　　　　（b）　　　　　　　　（c）

图 4-58 利用夹点进行拉伸操作

```
命令：指定对角点或 [栏选(F)/圈围(WP)/圈交(CP)]：    //交叉窗口选择凹槽，如图 4-58(a)
所示
命令：//使用"Shift"键加鼠标单击的方法依次选中想要拉伸的 4 个夹点，被激活的夹点在屏幕
上以红色方块显示，如图 4-58（b）所示
命令：//选择夹点 a
** 拉伸 **    //进入拉伸模式
指定拉伸点或 [基点(B)/复制(C)/放弃(U)/退出(X)]：    //将夹点 a 拉伸到 e 处，结果如图 4-58
（c）所示
```

【任务 2】 利用"偏移"命令 和"镜像"命令 绘制如图 4-59 所示的座椅图形。

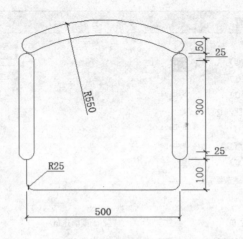

图 4-59 座椅图形

座椅图形绘制流程如下。

（1）创建图形文件，保存文件名为"座椅.dwg"。

（2）绘制椅子底座和扶手图形。选择"矩形"命令 □，绘制椅子底座和扶手图形，效果如图 4-60（a）所示。

```
命令：_rectang  //选择"矩形"命令 □，绘制椅子底座图形
指定第一个角点或 [倒角(C)/标高(E)/圆角(F)/厚度(T)/宽度(W)]：  //确定矩形的第一个角点
指定另一个角点或 [面积(A)/尺寸(D)/旋转(R)]：@500,-500  // 输入矩形第二个角点的相对坐标
命令：_rectang  //选择"矩形"命令 □，绘制扶手图形
指定第一个角点或 [倒角(C)/标高(E)/圆角(F)/厚度(T)/宽度(W)]：
指定另一个角点或 [面积(A)/尺寸(D)/旋转(R)]：@50,-300

命令：_move  //选择"移动"命令
选择对象：找到 1 个  //选择扶手图形
选择对象：  //按"Enter"键
指定基点或 [位移(D)] <位移>：_mid 于  //捕捉矩形水平边的中点
指定第二个点或 <使用第一个点作为位移>：50  //捕捉 A 点，输入距离 50，确定移动的目标点，如图 4-60（a）所示
```

```
命令：_mirror  //选择"镜像"命令
选择对象：找到 1 个  //选择扶手图形
选择对象：  //按"Enter"键
指定镜像线的第一点：_mid 于 指定镜像线的第二点：  //镜像线捕捉椅子底座水平边的中点
要删除源对象吗？[是(Y)/否(N)] <N>：  //按"Enter"键结束命令
```

（3）绘制靠背图形。选择"圆弧"命令，绘制椅子的靠背图形，效果如图 4-60（b）所示。

```
命令：_arc 指定圆弧的起点或 [圆心(C)]：  //选择"圆弧"命令，捕捉 A 点
指定圆弧的第二个点或 [圆心(C)/端点(E)]：e  //利用"起点、端点、圆心"的方式绘制圆弧
```

```
指定圆弧的端点：  //捕捉 B 点
指定圆弧的圆心或 [角度(A)/方向(D)/半径(R)]：r   //输入参数 r
指定圆弧的半径：550    //输入半径 550
```

```
命令：_offset   //选择"偏移"命令
当前设置：删除源=否  图层=源  OFFSETGAPTYPE=0
指定偏移距离或 [通过(T)/删除(E)/图层(L)] <通过>：50   //输入偏移距离 50
选择要偏移的对象，或 [退出(E)/放弃(U)] <退出>：  //选择圆弧
指定要偏移的那一侧上的点，或 [退出(E)/多个(M)/放弃(U)] <退出>：  //在圆弧下方单击
选择要偏移的对象，或 [退出(E)/放弃(U)] <退出>：  //按"Enter"键结束命令
```

（4）细化椅子图形。选择"圆角"命令，绘制圆角椅子边，效果如图 4-60（c）所示。

```
命令：_fillet   //选择"圆角"命令
当前设置：模式 = 修剪，半径 = 0.0000
选择第一个对象或 [放弃(U)/多段线(P)/半径(R)/修剪(T)/多个(M)]：r   //输入参数 r
指定圆角半径 <0.0000>：25   //输入圆角半径
选择第一个对象或 [放弃(U)/多段线(P)/半径(R)/修剪(T)/多个(M)]：m   //输入参数 m
选择第一个对象或 [放弃(U)/多段线(P)/半径(R)/修剪(T)/多个(M)]：  //选择圆角的第一条直线
选择第二个对象，或按住 Shift 键选择对象以应用角点或 [半径(R)]：  //选择圆角的第二条直线
……
选择第一个对象或 [放弃(U)/多段线(P)/半径(R)/修剪(T)/多个(M)]：  //按"Enter"键结束命令
```

```
命令：_arc 指定圆弧的起点或 [圆心(C)]：  //选择"圆弧"命令，捕捉 A 点
指定圆弧的第二个点或 [圆心(C)/端点(E)]：e   //输入参数 e
指定圆弧的端点：  //捕捉 B 点
指定圆弧的圆心或 [角度(A)/方向(D)/半径(R)]：r   //输入参数 r
指定圆弧的半径：25    //输入半径 25
```

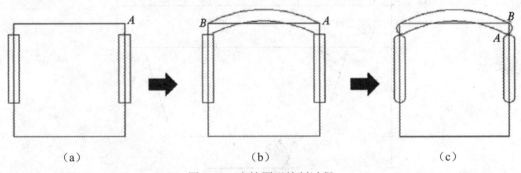

图 4-60 座椅图形绘制过程

利用"圆弧"命令绘制座椅靠背右侧的圆弧。
利用"修剪"命令修剪图形，结果如图 4-61（a）所示。
利用夹点拉伸对座椅进行细化，结果如图 4-61（c）所示。

```
命令：//单击椅子靠背的圆弧线
命令：//选择如图 4-61（b）所示的夹点
** 拉伸 **    //进入拉伸模式
指定拉伸点或 [基点(B)/复制(C)/放弃(U)/退出(X)]：    //将夹点拉伸到指定的位置
```

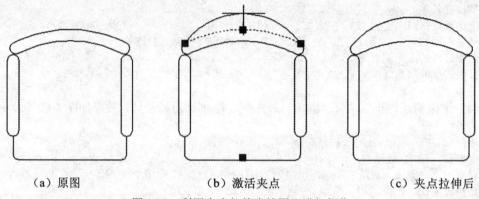

（a）原图　　　　　　　（b）激活夹点　　　　　　（c）夹点拉伸后

图 4-61　利用夹点拉伸座椅图形进行细化

4.5　课堂练习——绘制电视机图形

利用"矩形"命令、"圆弧"命令、"多段线"命令和"圆角"命令绘制电视机图形，如图 4-62 所示。

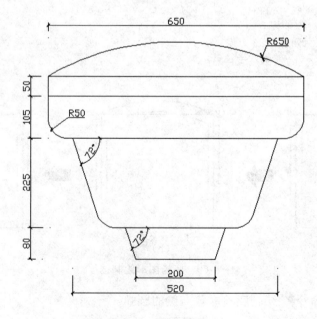

图 4-62　电视机图形

4.6 课后习题——绘制餐桌椅图形

利用"矩形"命令、"移动"命令、"旋转"命令、"镜像"命令绘制餐桌椅图形,如图 4-63 所示。

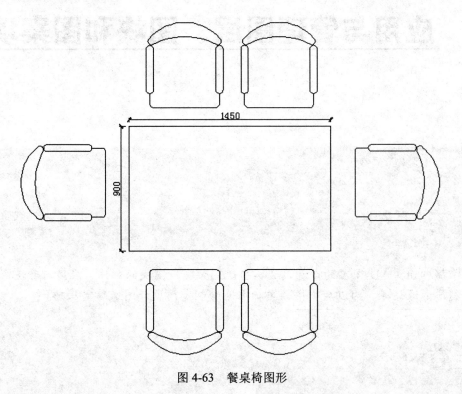

图 4-63 餐桌椅图形

第 5 章

应用与管理图层、图块和图案填充

学习目标

掌握 AutoCAD 图层的查看、共享与规划管理，图块的制作、应用与管理，室内地面材质的表达等，为以后更快、更标准地绘制室内设计图纸奠定基础。

主要内容

- ◆ 图层与图层特性。
- ◆ 创建块、写块、插入块。
- ◆ 应用 AutoCAD 设计中心。
- ◆ 创建与编辑属性块。
- ◆ 图案填充。

5.1 创建建筑图层

5.1.1 本节任务

创建建筑图层，如图 5-1 所示。

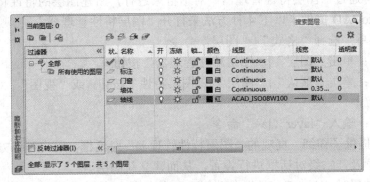

图 5-1 创建建筑图层

5.1.2 背景知识

1. 认识图层

图层是 AutoCAD 组织和管理图形的一种方式，它允许用户将类型相似的对象进行分类，并将各图层相互重叠。

可以把 AutoCAD 图层看作一张张透明的电子图纸，用户把各种类型的图形元素绘制在这些电子图纸上，AutoCAD 将它们叠加在一起显示，如图 5-2 所示。在图层 A 上绘制了建筑物的墙壁，在图层 B 上绘制了室内家具，在图层 C 上绘制了建筑物内的电器设施，最终显示的图层是各图层叠加的效果。

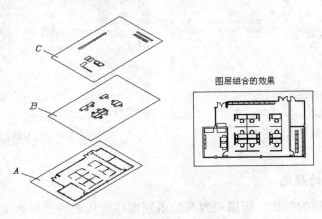

图 5-2 图层示意图

图层是一个非常好用的绘制图形对象的工具，它具有隐藏功能，可以对不需要的图形对象进行隐藏操作，使需要的图形更加清晰明了；具有冻结功能，冻结图形对象，以减少系统重新生成图形的时间；具有锁定图层的功能，锁定图形对象，以防止意外修改图层上的图形对象；具有不可打印功能，可以将不需要打印的图形对象设置为不可打印状态，这样在打印输出时该图形对象就不会被打印了。

2. 新建图层

新建图层可通过"图层特性管理器"对话框来进行，新建图层的特性将延续上一个图层的特性。AutoCAD 提供了以下 4 种方法来打开"图层特性管理器"。

① 下拉菜单：选择"格式"|"图层"命令。

② 工具栏：单击"图层"|"图层特性管理器"按钮。

③ 功能区：单击"默认"|"图层"|"图层特性"按钮或"视图"|"选项板"|"图层特性"按钮。

④ 命令行：输入"layer（la）"命令。

AutoCAD 提供了详细、直观的"图层特性管理器"对话框，用户可以方便地通过该对话框中的各选项及其二级对话框进行设置，从而建立新图层。

开始新建图层时，AutoCAD 将自动创建一个名为 0 的特殊图层，用户不能删除或重命名该图层。如果用户要使用更多的图层来组织图形，就需要先创建新图层。

新建图层的操作步骤如下。

（1）在"图层特性管理器"对话框中单击"新建图层"按钮，即可创建一个名为"图层 1"的新图层，如图 5-3 所示。在默认情况下，新图层与当前图层的状态、颜色、线型、线宽等设置相同。

（2）创建新图层后，图层的名称将显示在图层列表框中，如"图层 1"。如果要更改图层名称，则单击该图层名称，然后输入一个新的图层名称，如"墙体"，如图 5-4 所示。

图层的名称中最多可以包含 255 个字符，不能包含通配符（*和？）和空格，也不能与其他图层重名。

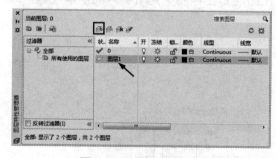

图 5-3 新建"图层 1"

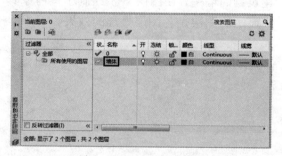

图 5-4 输入新的图层名称

3. 设置图层的颜色

为图层设置不同的颜色，可以很容易地辨别图层所代表的图形意义。例如，通常使用红色代表中心线图层。

设置图层颜色的方法如下。

新建图层后,要改变图层的颜色,可在"图层特性管理器"对话框中单击新建图层的"颜色"图标,打开"选择颜色"对话框,分别如图5-5和图5-6所示。

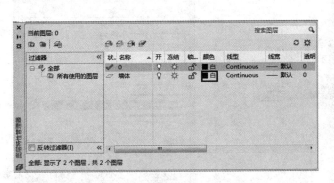

图5-5　单击图层"颜色"图标　　　　　　图5-6　"选择颜色"对话框

4. 设置图层线型

线型是指图形基本元素中线条的组成和显示方式,如实线和虚线。在绘图时需要使用线型来区分图形元素,这样可以对线型进行设置。在默认情况下,图层的线型为Continuous。

设置图层线型的方法如下。

在"图层特性管理器"对话框中单击"线型"图标,打开"选择线型"对话框,如图5-7所示。单击"选择线型"对话框中的"加载"按钮,打开"加载或重载线型"对话框,如图5-8所示,选择要加载的线型后单击"确定"按钮。

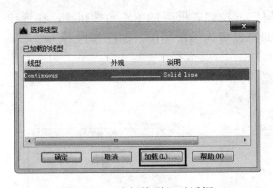
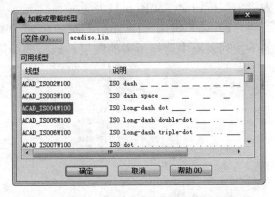

图5-7　"选择线型"对话框　　　　　　图5-8　"加载或重载线型"对话框

5. 设置图层线宽

线宽设置就是改变线条的宽度,使用不同宽度的线条表示对象的大小和类型,可以提高图形的表达能力和可读性。

设置图层线宽的方法如下。

在打开的"图层特性管理器"对话框中选择某一图层，单击该图层对应的"线宽"图标，打开"线宽"对话框，分别如图 5-9 和图 5-10 所示。在"线宽"对话框中选择所需的线条宽度，然后单击"确定"按钮，该图层的线宽就变成了所需的线宽。

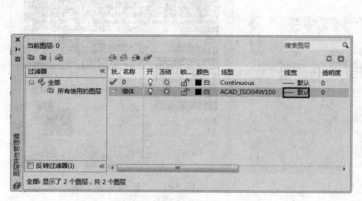

图 5-9　单击"线宽"图标

图 5-10　"线宽"对话框

6. 设置当前绘图图层

当用户要在某个图层上绘制图形时，首先应将其设置为当前图层，然后绘制的图形便自动采用该图层的特性设置。当前图层即为当前使用的图层，图形的绘制及编辑操作都是在当前图层上进行的。在绘图过程中，可以切换至不同的图层来绘制和编辑图形对象。当前图层只有一个，不能冻结，但可以锁定。设置当前绘图图层主要有以下两种方法。

（1）在"图层特性管理器"对话框中选择需要设置为当前图层的图层，然后单击"置为当前"按钮，如图 5-11 所示。

（2）在"常用"|"图层"组中单击"图层"下拉列表框旁的下三角按钮，在弹出的下拉列表框中选择所需的图层，选择的图层即可设置为当前图层，如图 5-12 所示。

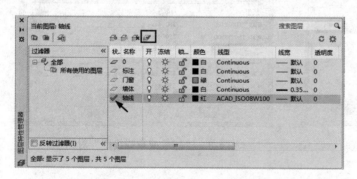

图 5-11　设置图层为当前图层

图 5-12　图层下拉列表

7. 删除图层

在绘图时创建过多的图层，反而不利于图形的绘制，在"图层特性管理器"对话框中可以将多余的图层删除。例如，在"图层特性管理器"对话框中选择要删除的图层，单击"删除"按钮 ，即可将选择的图层删除。

8. 管理图层

在 AutoCAD 中，使用"图层特性管理器"对话框不仅可以新建图层，设置图层的颜色、线宽和线型，还可以对图层进行更多的设置与管理，如图层的打开、冻结、锁定、打印等。

使用图层绘制图形时，新图层的各种特性将默认为随层，由当前的默认设置决定。也可以重新设置新图层，新设置的特性将覆盖原来随层的特性。在"图层特性管理器"对话框中，每个图层都包含状、名称、开、冻结、锁定、颜色、线型、线宽和打印样式等特性，如图 5-13 所示。

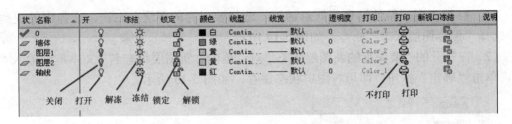

图 5-13　图层包含的特性

图层中主要特性的含义如下。

（1）状：显示图层和过滤器的状态。其中，当前图层标识为 ，被删除的图层标识为 。

（2）名称：即图层的名称。在默认情况下图层的名称按图层 0、图层 1、图层 2……的编号依次递增，用户可以根据需要修改名称。

（3）开：即图层处于打开或关闭状态。单击图层对应的灯泡图标 来控制图层的打开或关闭。在打开状态下，灯泡的颜色为黄色，图层上的图形可以显示，也可以打印输出；在关闭状态下，灯泡的颜色为灰色，图层上的图形不能显示，也不能输出打印。

（4）冻结：即冻结或解冻图层。单击图层对应的太阳图标 或雪花图标 ，图层就处于解冻或冻结状态。图层被冻结时显示雪花图标 ，此时图层上的图形不能被显示、打印输出和编辑修改；图层被解冻时显示太阳图标 ，此时图层上的图形能显示、打印输出和编辑修改。

（5）锁定：即锁定或解锁图层。单击图层对应的关闭图标 或打开图标 ，可以锁定或解锁图层。图层被锁定不影响图形对象的显示，但不能对该图层上已有的图形对象进行编辑，可以绘制新图形。此外，在锁定的图层上可以使用查询命令和对象捕捉功能。

（6）颜色：单击图层"颜色"列对应的图标，可以打开"选择颜色"对话框选择图层颜色。

（7）线型：单击图层"线型"列对应的图标，可以打开"选择线型"对话框选择图层所需的线型。

（8）线宽：单击图层"线宽"列对应的图标，可以打开"线宽"对话框选择图层所需的线宽。

（9）打印样式：是指打印图形时各项属性的设置。通过"打印样式"列可以确定各图层的打印样式。

（10）打印：单击"打印"列对应的打印机图标，可以设置图层是否能被打印，在保持图形显示可见性不变的前提下控制图形的打印特性。

（11）说明：单击"说明"图标，可以为图层或组过滤器添加必要的说明信息。

9. 保存并输出图层

在绘制图形的过程中，创建好图层，并设置好图层参数后，可以将图层的设置保存，方便在创建相同或相似的图层时直接进行调用，从而提高绘图效率。

具体操作方法如下。

（1）打开"图层特性管理器"对话框，选择要保存的图层并右击，在弹出的快捷菜单中选择"保存图层状态"命令，如图 5-14 所示。

（2）在打开的"要保存的新图层状态"对话框的"新图层状态名"文本框中输入"建筑"，单击"确定"按钮，即可将图层状态保存，如图 5-15 所示。

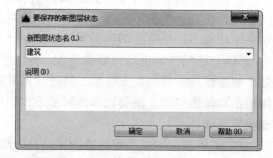

图 5-14　选择"保存图层状态"命令　　　图 5-15　"要保存的新图层状态"对话框

（3）返回"图层特性管理器"对话框，单击"图层状态管理器"按钮，如图 5-16 所示。弹出"图层状态管理器"对话框，单击"输出"按钮，如图 5-17 所示。

第 5 章 应用与管理图层、图块和图案填充

图 5-16 单击"图层状态管理器"按钮

图 5-17 "图层状态管理器"对话框

（4）在打开的"输出图层状态"对话框中分别选择图层的保存位置文件类型，如图 5-18 所示，输入图层状态的文件名，单击"保存"按钮，即可保存图层状态，并返回"图层特性管理器"对话框。

图 5-18 "输出图层状态"对话框

10. 调用图层状态

在绘制复制图形时，如果要设置相同或相似的图层，可以将保存后的图层状态进行调用，从而更快、更好地完成图形的绘制，提高绘图的效率。

具体操作方法如下。

（1）在打开的"图层特性管理器"对话框中单击"输入"按钮。在打开的"输入图层状态"对话框中选择"建筑.las"图层状态文件，单击"打开"按钮，如图 5-19 所示。

（2）如图 5-20 所示，在出现的"图层状态-成功输入"提示对话框中提示是否要恢复图层状态，单击"恢复状态"按钮，返回到"图层特性管理器"对话框，即可将"建筑.las"图层文件的图层状态恢复到新建的图层文件中，完成输入图层状态的操作。

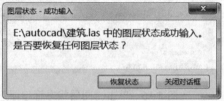

图 5-19　打开图层文件　　　　　图 5-20　"图层状态-成功输入"提示对话框

5.1.3　做中学

（1）新建图形文件，保存文件名为"建筑图层.dwg"。

（2）选择"图层"命令，打开如图 5-21 所示的"图层特性管理器"对话框。

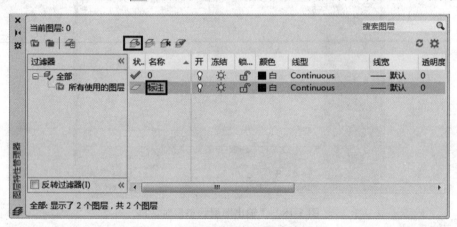

图 5-21　"图层特性管理器"对话框

（3）单击"图层特性管理器"对话框中的"新建"按钮，新建图层，输入新图层的"名称"为"标注"，颜色、线型、线宽使用默认设置。

（4）新建"门窗"图层。输入新图层的"名称"为"门窗"，单击"颜色"图标，打开"选择颜色"对话框，如图 5-22 所示，选择绿色，单击"确定"按钮。线型和线宽使用默认设置。

（5）新建"墙体"图层。输入新图层的"名称"为"墙体"，单击"线宽"图标，打开"线宽"对话框，如图 5-23 所示，选择"0.35mm"线宽，单击"确定"按钮。颜色和线型使用默认设置。

第 5 章 应用与管理图层、图块和图案填充

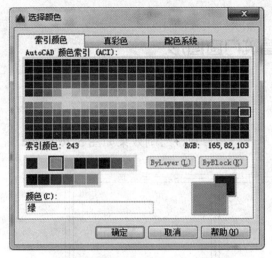

图 5-22 "选择颜色"对话框

图 5-23 "线宽"对话框

（6）新建"轴线"图层。输入图层的"名称"为"轴线"，颜色选择红色。单击"线型"图标，打开"加载或重载线型"对话框，选择"ACAD_ISO08W100"线型，如图 5-24 所示，单击"确定"按钮，已选择的线型被加载到"选择线型"对话框中，选择刚加载的线型，如图 5-25 所示。单击"确定"按钮，即可将此线型附加给当前被选择的图层，线宽使用默认设置。

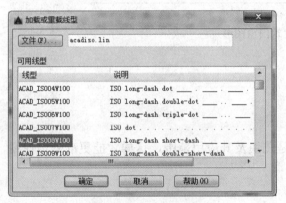

图 5-24 加载线型

图 5-25 选择线型

（7）输出并保存图层，图层文件"名称"为"建筑.las"。单击"关闭"按钮，关闭"图层特性管理器"对话框，返回绘图窗口。

（8）打开图形文件。选择"文件"|"打开"命令，打开"第 3 章\效果文件\墙体.dwg"图形文件。

（9）打开"图层特性管理器"对话框，单击"图层状态管理器"按钮，单击"输入"按钮，将"建筑.las"文件中的图层状态输入"墙体.dwg"文件中。

5.2 绘制建筑门窗图形

5.2.1 本节任务

利用"图块"命令为"墙体"图形插入单开门和窗户，绘制效果如图 5-26 所示。

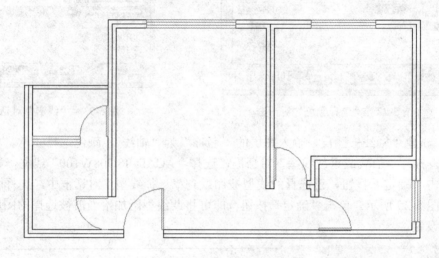

图 5-26 建筑门窗图形

5.2.2 背景知识

1. 认识图块

在使用图块绘图之前，首先要了解什么是图块及其应用范围，这样才能更准确地使用图块，提高绘图效率。

（1）图块定义。

图块是一组图形实体的总称，是一个独立的、完整的对象。用户可以根据需要按一定比例和角度将图块插入任意指定位置。

（2）图块作用。

在绘制图形过程中，当需要在不同的图纸中多次使用一个相同的图形对象时，如果重复绘制，会增加工作量，此时可以将常用的图形定义为图块，以便在绘图过程中随时调用。

2. 创建内部图块

内部图块存储在图形文件内部，因此内部图块只能在当前图形文件中使用，而不能被其他图形文件调用。可以使用以下 4 种方法创建内部图块。

① 下拉菜单：选择"绘图"|"块"|"创建"命令。

② 工具栏：单击"绘图"|"创建块"按钮。
③ 功能区：单击"默认"|"块"|"创建"按钮。
④ 命令行：输入"block (b)"命令。

执行上述命令后，弹出"块定义"对话框，如图 5-27 所示，用户可根据需要进行以下操作。

图 5-27　"块定义"对话框

（1）在"名称"文本框中输入图块的名称。
（2）单击"拾取点"按钮，指定图块的插入基点。
（3）单击"对象"选项区域中的"选择对象"按钮，选择对象。

"块定义"对话框中主要选项说明如下。

（1）"名称"文本框：输入图块的名称，最多可使用 255 个字符，包括字母、数字、空格，以及操作系统或程序未作他用的任何特殊字符。为了今后能方便地使用该名称的图块，在给图块定义名称时，应注意名称的定义要能够体现图块本身的含义或内容。单击列表框右侧的下拉按钮，系统显示图形中已定义的图块名。

（2）"基点"选项区域：指定块的插入基点。默认值是(0,0,0)。用户可以直接在 X、Y、Z 文本框中输入，也可以单击"拾取点"按钮，暂时关闭对话框以使用户能在当前图形中拾取、插入基点。一般基点选在图块的对称中心、左下角或其他有特征的位置。

（3）"对象"选项区域：设置组成块的对象。其中，单击"选择对象"按钮，可以切换到绘图窗口选择组成块的各对象；单击"快速选择"按钮，可以使用弹出的"快速选择"对话框设置所选择对象的过滤条件；选中"保留"单选按钮，创建块后仍在绘图窗口上保留组成块的各对象；选中"转换为块"单选按钮，创建块后组成块的各对象保留并把它们转换成块；选中"删除"单选按钮，创建块后删除绘图窗口上组成块的源对象。

（4）"块单位"下拉列表框：设置从 AutoCAD 设计中心中拖动块时的缩放单位。
（5）"说明"文本框：输入当前块的说明部分。
（6）"超链接"按钮：单击该按钮可打开"插入超链接"对话框，在其中可以插入超链接文档。

3. 插入图块

图块的重复使用是通过插入图块的方式来实现的，所谓插入图块，就是将已经创建的内部块或外部块插入到当前的图形文件中。

启动"插入块"命令有以下 4 种方法。

① 下拉菜单：选择"插入"|"块"命令。
② 工具栏：单击"绘图"|"插入块" 或"插入"|"插入块"按钮 。
③ 功能区：单击"默认"|"块"|"插入"按钮 。
④ 命令行：输入"insert (i)"命令。

执行命令后，弹出如图 5-28 所示的"插入"对话框。

具体操作如下。

（1）在命令行中执行 insert(i)命令，打开"插入"对话框，在其中进行相应设置，如图 5-28 所示。

（2）单击"名称"栏中的按钮进入绘图区，在次卧室的门洞右方中点处指定块对象的插入点，如图 5-29 所示。

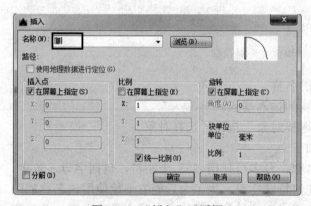

图 5-28　"插入"对话框

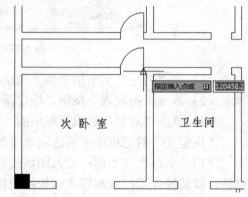

图 5-29　指定块的插入点

"插入"对话框中各主要选项说明如下。

（1）"名称"下拉列表框：选择块或图形的名称。也可以单击其后的"浏览"按钮，打开"选择图形文件"对话框，从中选择保存的块或外部图形。

（2）"插入点"选项区域：设置块的插入点位置。可直接在 X、Y、Z 文本框中输入点的坐标，也可以通过选中"在屏幕上指定"复选框，在屏幕上指定插入点位置。

（3）"比例"选项区域：设置块的插入比例。可直接在 X、Y、Z 文本框中输入块在 3 个方向的比例，也可以通过选中"在屏幕上指定"复选框，在屏幕上指定。此外，该选项区域中的"统一比例"复选框用于确定所插入块在 X、Y、Z 3 个方向的插入比例是否相同。选中该复选框时表示比例相同，用户只需在 X 文本框中输入比例值即可。

（4）"旋转"选项区域：设置块插入时的旋转角度。可直接在"角度"文本框中输入角度值，也可以选中"在屏幕上指定"复选框，在屏幕上指定旋转角度。

（5）"分解"复选框：选中该复选框，可以将插入的块分解成组成块的各基本对象。

第 5 章 应用与管理图层、图块和图案填充

4. 保存图块（也称写块、创建外部图块）

外部图块可以选择本图形已有的图块、整个图形或用户选定的一组图形作为构成内容，来源更加广泛。外部图块将表现为一个 DWG 文件。

在命令行提示下，输入"wblock(w)"命令，并按"Space"键或"Enter"键。

执行上述命令后，弹出如图 5-30 所示的"写块"对话框。

图 5-30 "写块"对话框

在"写块"对话框中，选中"块"单选按钮，在下拉列表中选择定义好的图块，单击"确定"按钮，完成写块操作。

"写块"对话框中各主要选项说明如下。

（1）"块"单选按钮：用于将使用"block"命令创建的块写入磁盘，可在其后的下拉列表框中选择块名称。

（2）"整个图形"单选按钮：用于将全部图形写入磁盘，通常用于装配图的绘制过程。

（3）"对象"单选按钮：用于指定需要写入磁盘的块对象。选中该单选按钮时，用户可根据需要使用"基点"选项区域设置块的插入基点位置，使用"对象"选项区域设置组成块的对象。

（4）"文件名和路径"文本框：用于输入块文件的名称和保存位置，用户也可以单击其后的 按钮，使用打开的"浏览文件夹"对话框设置文件的保存位置。

（5）"插入单位"下拉列表框：用于选择从 AutoCAD 设计中心拖动块时的缩放单位。

5. 应用设计中心

AutoCAD 为用户提供了许多常用的图块，通过 AutoCAD 设计中心可以方便、快捷地将这些图块插入绘图区中，其中包括建筑设施、机械零件、电子电路等图块。

启动"设计中心"命令，主要有以下 5 种方式。

125

① 下拉菜单：选择"工具"|"选项板"|"设计中心"命令。
② 工具栏：单击"标准"|"设计中心"按钮▦。
③ 功能区：单击"视图"|"选项板"|"设计中心"按钮▦。
④ 命令行：输入"adcenter(adc)"命令。
⑤ 组合键：按"Ctrl+2"组合键。

单击标准工具栏中的"设计中心"图标▦，打开"设计中心"对话框，如图5-31所示。

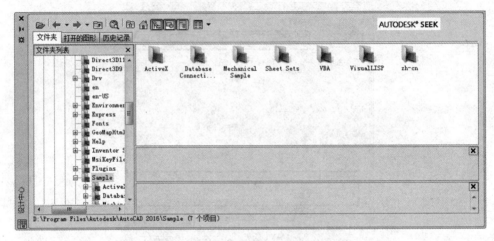

图 5-31 "设计中心"对话框

设计中心也可以将文件夹中的DWG图形当成图块插入当前图形中。

具体操作如下。

（1）打开"设计中心"对话框，从查找结果列表框中选择要插入的对象"沙发组.dwg"，如图5-32所示。在选择的对象上右击，打开如图5-33所示的快捷菜单，选择"插入为块"命令。

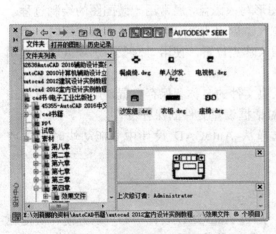

图 5-32 选择要插入的对象

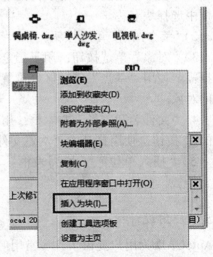

图 5-33 快捷菜单

（2）弹出"插入"对话框，如图5-34所示。单击"确定"按钮，在绘图区插入图形。

第 5 章 应用与管理图层、图块和图案填充

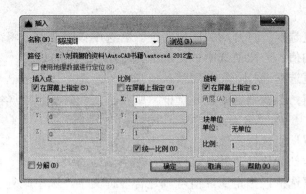

图 5-34 "插入"对话框

6. 创建属性块

为了增强图块的通用性，可以为图块增加一些文本信息，这些文本信息被称为属性。图块的属性依赖于图块而存在。将带属性的图形定义为图块，在插入图块的同时，可以为其指定相应的属性值。

创建属性块与创建内部图块的流程基本相似，不同的是在创建图块之前要先定义块的属性。可以通过以下 3 种方式定义块的属性。

① 下拉菜单：选择"绘图"|"块"|"定义属性"命令。
② 功能区：单击"默认"|"块"|"定义属性"按钮。
③ 命令行：输入"attdef(att)"命令。

执行上述命令后，弹出如图 5-35 所示的"属性定义"对话框。

图 5-35 "属性定义"对话框

"属性定义"对话框中各主要选项说明如下。

（1）"不可见"复选框：在绘图区域中显示或隐藏属性。如果选中该复选框，则在绘图区域中隐藏属性值；如果取消选中该复选框，则显示属性值。

（2）"固定"复选框：标识是否将属性设置为默认值，不可修改此特性。若复选框中显示出复选标记，则说明该属性已设置为默认值，并且不可修改；若复选框是空的，则可

以为该属性指定值。

（3）"验证"复选框：打开和关闭值验证。若选中该复选框，将在插入新的块引用时提示验证赋给属性的值；若取消选中该复选框，则不执行验证。

（4）"预设"复选框：打开和关闭默认值指定。若选中该复选框，则系统在插入块时将属性设置为默认值；若取消选中该复选框，则在插入块时将忽略属性的默认值，并提示用户输入值。

（5）"锁定位置"复选框：锁定块参照中属性的位置。解锁后，属性可以相对于使用夹点编辑的块的其他部分移动，并且可以调整多行属性的大小。

（6）"多行"复选框：指定属性值可以包含多行文字。选中此复选框后，可指定属性的边界宽度。

（7）"属性"选项区域：可设置显示的属性文字。其中，"标记"用于设置指定给属性的标识符；"提示"用于设置插入块时显示的提示文字；"默认"用于输入属性的默认值。

（8）"文字设置"选项区域：设置属性值的对正方式、文字样式、文字高度、旋转角度等参数。

（9）"插入点"选项区域：指定属性位置。默认为在绘图区中以拾取点的方式来指定，与插入图块的选项含义相同。

（10）"在屏幕上指定"复选框：取消选中该复选框，可以重新设置指定的坐标值。

（11）"在上一个属性定义下对齐"复选框：将属性标记直接置于定义的上一个属性的下面。若之前没有创建属性定义，则此复选框不可用。

【创建属性块举例】绘制建筑标高，在图形中插入带属性的图块。

操作步骤如下。

（1）绘制标高图形。打开"第 5 章\素材文件\建筑立面.dwg"图形文件，使用"直线"命令 在图中绘制一个标高图形，其长度为 2400mm，如图 5-36 所示。

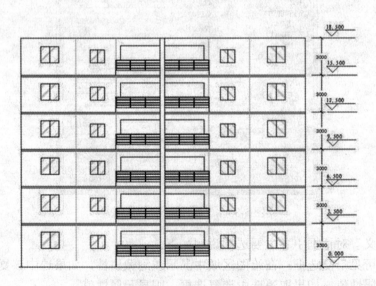

图 5-36　绘制建筑标高

（2）定义标高属性。选择"绘图" | "块" | "定义属性"命令，打开"属性定义"对

话框,其设置如图5-37所示。在标高图形上方拾取一点,指定属性文字的位置,如图5-38所示。

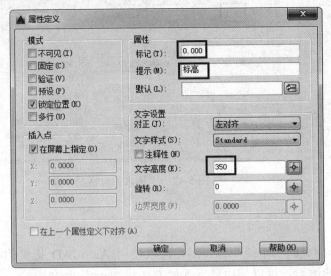

图5-37　"属性定义"对话框　　　　　　　　图5-38　指定属性文字的基点位置

(3)创建带属性的图块。选择"创建块"命令，打开"块定义"对话框,如图5-39所示。在"名称"文本框中输入块的名称"标高";单击"选择对象"按钮,进入绘图区中选择标高图形和属性文字;单击"拾取点"按钮,进入绘图区,在标高图形下方端点处指定插入块的基点,如图5-40所示;在打开的"编辑属性"对话框中输入标高值,如图5-41所示。

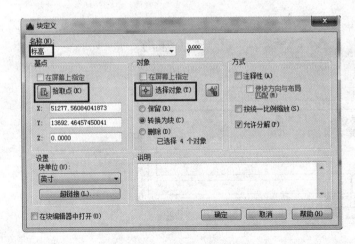
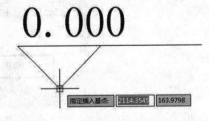

图5-39　"块定义"对话框　　　　　　　　图5-40　指定插入块的基点位置

(4)插入带属性的图块。选择"插入块"命令，打开"插入"对话框,如图5-42所示,设置名称为"标高",单击"确定"按钮。返回绘图区,在图形右下方指定插入标高属性块的位置,根据提示输入标高值"0.000"。使用同样的方法,在建筑立面图右方创建其他属性块的标高。

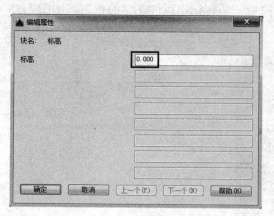
图 5-41 输入标高值

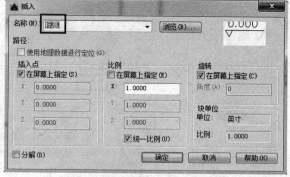
图 5-42 "插入"对话框

7. 编辑属性块

属性块是由图块属性和图块图形构成的一个统一体。用户可以使用 AutoCAD 提供的专门编辑命令 eattedit 进行图块属性的编辑。可以使用以下 5 种方法启动 eattedit 命令。

① 下拉菜单：选择"修改"|"对象"|"属性"|"单个"命令。
② 工具栏：单击"修改Ⅱ"|"编辑属性"按钮 。
③ 功能区：单击"默认"|"块"|"编辑属性"按钮 。
④ 命令行：输入"eattedit"命令。
⑤ 双击"图块属性"对象。

在绘图窗口中双击需要编辑的块对象后，系统将打开"增强属性编辑器"对话框，如图 5-43 所示。

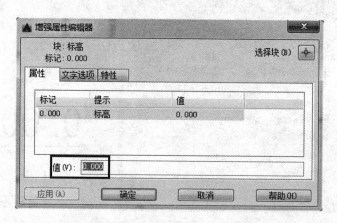
图 5-43 "增强属性编辑器"对话框

该对话框中的 3 个选项卡说明如下。
（1）"属性"选项卡：显示指定给每个属性的标记、提示和值，只能更改属性值。
（2）"文字选项"选项卡：设置用于定义属性文字在图形中的显示方式的特性。
（3）"特性"选项卡：定义属性所在的图层，以及属性文字的线宽、线型和颜色。

8. 块属性管理器

图形中存在多种图块时，可以通过"块属性管理器"命令来管理图形中所有图块的属性。启动"块属性管理器"命令，可以使用以下 4 种方法。

① 下拉菜单：选择"修改"|"对象"|"属性"|"块属性管理器"命令。
② 工具栏：单击"修改Ⅱ"|"块属性管理器"按钮 。
③ 功能区：单击"默认"|"块"|"块属性管理器"按钮 。
④ 命令行：输入"battman"命令。

选择"修改"|"对象"|"属性"|"块属性管理器"命令，或在"修改Ⅱ"工具栏中单击"块属性管理器"按钮，都可以打开"块属性管理器"对话框，如图 5-44 所示，在其中可以管理块的属性。

在"块属性管理器"对话框中，单击"编辑"按钮，打开"编辑属性"对话框，如图 5-45 所示，可以重新设置属性定义的构成、文字特性和图形特性等。

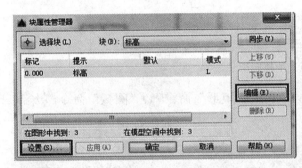

图 5-44　"块属性管理器"对话框

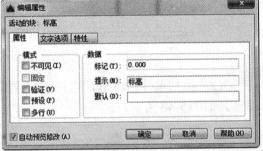

图 5-45　"编辑属性"对话框

在"块属性管理器"对话框中，单击"设置"按钮，打开"块属性设置"对话框，如图 5-46 所示。可以设置在其中属性列表框中能够显示的内容。

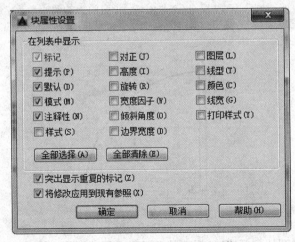

图 5-46　"块属性设置"对话框

5.2.3 做中学

（1）打开图形文件。选择"文件"|"打开"命令，打开"第 5 章\效果文件\墙体.dwg"图形文件，如图 5-47 所示将其另存为"插入门窗的墙体.dwg"。

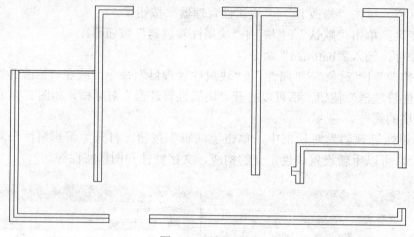

图 5-47 墙体图形

（2）绘制单开门图形。选择"0"图层，利用"矩形"命令▢、"圆弧"命令⌒绘制图形，如图 5-48 所示。

```
命令：_rectang  //选择"矩形"命令▢
指定第一个角点或 [倒角(C)/标高(E)/圆角(F)/厚度(T)/宽度(W)]：  //确定矩形 A 点
指定另一个角点或 [面积(A)/尺寸(D)/旋转(R)]：@50,900  //确定矩形 B 点的相对坐标
```

```
命令：_arc 指定圆弧的起点或 [圆心(C)]：  //用选择"起点"|"圆心"|"角度"命令的方式
绘制，选择 A 点作为圆弧的起点
指定圆弧的第二个点或 [圆心(C)/端点(E)]：_c 指定圆弧的圆心：  //选择 C 点作为圆心
指定圆弧的端点或 [角度(A)/弦长(L)]：_a 指定包含角：-90  //指定包含的角度
```

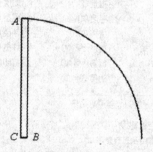

图 5-48 绘制单开门图形

（3）定义单开门图块。选择"创建块"命令，弹出"块定义"对话框，如图 5-49 所示。在"名称"文本框中输入"门"；单击"拾取点"按钮，捕捉矩形的 C 点作为门的基点；单击"选择对象"按钮，选择单开门图形。

第 5 章 应用与管理图层、图块和图案填充

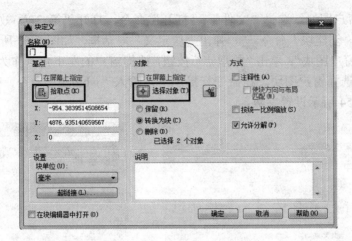

图 5-49 "块定义"对话框

（4）插入单开门图块。选择"门窗"图层，选择"插入块"命令，弹出"插入"对话框，如图 5-50 所示，设置比例和旋转参数，单击"确定"按钮。在绘图窗口中插入单开门图块，效果如图 5-51 所示。

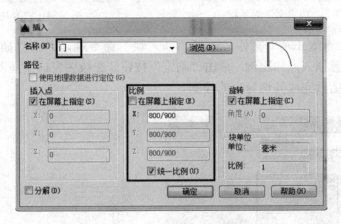

图 5-50 "插入"对话框

（5）继续选择"插入块"命令，配合"镜像"命令，完成其他门的绘制，效果如图 5-52 所示。

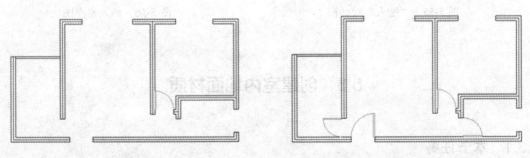

图 5-51 插入单开门图块　　　　　图 5-52 插入所有门图块

（6）插入窗户图块。选择"文件"|"打开"命令，打开"第 2 章\效果文件\窗.dwg"图形文件。选择"创建块"命令，弹出"块定义"对话框，如图 5-53 所示。在"名称"文本框中输入"窗户图块"；单击"拾取点"按钮，捕捉窗户的左下角点作为基点；单击"选择对象"按钮，选择窗户图块。在命令行提示下，输入"wblock"命令，弹出"写块"对话框，按照图 5-54 所示设置参数。

图 5-53　"块定义"对话框　　　　　　　　图 5-54　"写块"对话框

（7）选择"墙体.dwg"文件，选择"插入块"命令，弹出"插入"对话框，如图 5-55 所示，设置插入点和比例，单击"确定"按钮。在绘图窗口中插入窗户图块，效果如图 5-56 所示，随后完成其他窗户的绘制。

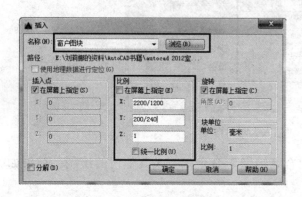

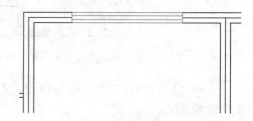

图 5-55　"插入"对话框　　　　　　　　图 5-56　插入窗户图块

5.3　创建室内地面材质

5.3.1　本节任务

利用"图案填充"命令绘制住宅平面图的室内地面装修材质，效果如图 5-57 所示。

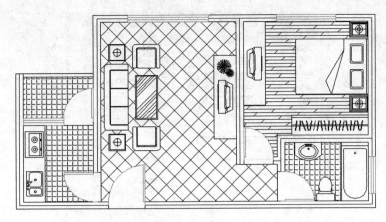

图 5-57　住宅平面图的室内地面装修材质

5.3.2　背景知识

在建筑剖面图中,用户需要表达剖切部位或构件的建筑材料的种类,在 AutoCAD 2016 中,"图案填充"(bhatch)命令提供的填充图案,使原来烦琐的操作变得十分便捷。一般情况下,一个填充区域选择一种填充图案就可以表达清楚构件材料(如通用建筑材料),必要时用户可以在一个填充区域选择两种或多种填充图案表达构件材料(如钢筋混凝土构件)。

1.　创建图案填充

启动"图案填充"命令,可以使用以下 4 种方法。

① 下拉菜单:选择"绘图"|"图案填充"命令。
② 工具栏:单击"绘图"|"图案填充"按钮。
③ 功能区:单击"默认"|"绘图"|"图案填充"按钮。
④ 命令行:输入"bhatch (h)"命令。

执行上述命令后,弹出如图 5-58 所示的"图案填充创建"选项卡。单击"选项"面板中的"扩展"按钮,打开"图案填充和渐变色"对话框,如图 5-59 所示。

图案填充的操作步骤如下。

(1)单击"添加:拾取点"按钮,选择填充的边界。
(2)单击"图案"按钮,选择填充的图案。
(3)设置填充图案的"角度"和"比例"选项。

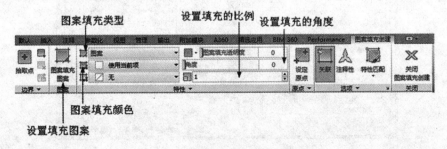

图 5-58　"图案填充创建"选项卡

图 5-59 "图案填充和渐变色"对话框

 在填充图案的操作中，如果原图中有明显的填充边界，可以单击"图案填充和渐变色"对话框中的"添加：拾取点"按钮，在图形中需要填充的区域上单击，快速指定填充区域；如果原图中没有明显的填充边界，可以先使用"多段线"等命令创建出填充边界，再通过选择创建的边界指定填充区域。

单击"图案填充和渐变色"对话框右下角的 ⊙ 按钮，展开对话框，显示"孤岛"选项区域，如图 5-60 所示。

图 5-60 "孤岛"选项区域

"图案填充和渐变色"对话框中关于"边界"选项区域的说明如下。

（1）"添加：拾取点"按钮：以拾取点的形式自动确定填充区域的边界。

（2）"添加：选择对象"按钮：以选择对象的形式自动确定填充区域的边界。

（3）"删除边界"按钮：用于取消边界，这里的边界即指一个大的封闭区域内存在的一个独立的小区域。该选项只有在使用"拾取一个内部点"按钮来确定边界时才起作用，AutoCAD 将自动检测和判断边界。单击该按钮后，AutoCAD 将忽略边界的存在，从而对整个大区域进行图案填充。

（4）"重新创建边界"按钮：围绕选定的图案填充或填充对象创建多段线和面域，并使其与图案填充对象相关联。单击"重新创建边界"按钮后，对话框会暂时关闭并显示一个命令提示。

（5）"查看选择集"按钮：显示绘图区中将要用作边界的对象，只有新建边界集后，该按钮才能被激活。

"孤岛"选项区域中各选项的说明如下。

（1）"孤岛检测"复选框：指定是否把在内部边界中的对象包括为边界对象，这些内部对象称为"孤岛"。

（2）孤岛显示样式：用于设置孤岛的填充方式。当指定填充边界的拾取点位于多重封闭区域内部时，需要在此选择一种填充方式。

（3）"普通"单选按钮：选中该单选按钮，从最外层的外边界向内边界填充，第一层填充，第二层不填充，第三层填充，……，如此交替进行，直到选定边界被填充完毕为止，如图 5-61（a）所示。

（4）"外部"单选按钮：选中该单选按钮，只填充从最外层的外边界到向内第一层边界之间的区域，如图 5-61（b）所示。

（5）"忽略"单选按钮：选中该单选按钮，则忽略内边界，最外层边界的内部被全部填充，如图 5-61（c）所示。

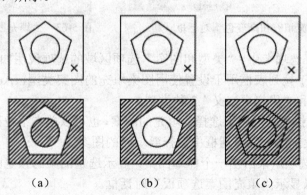

图 5-61　孤岛的 3 种填充效果

（6）"边界保留"栏：用于控制是否在填充图案时保留填充边界和设置新边界对象的类型。若选中"保留边界"复选框，则在创建填充边界时系统会将边界创建为面域或多段线，同时保留源对象，可以在该下拉列表框中选择将边界创建为多段线还是面域。若取消选中该复选框，则系统在填充指定的区域后将删除这些边界。

(7)"边界集"栏：指定是使用当前视口中的对象还是使用现有选择集中的对象作为边界集，单击后面的"新建"按钮，可以返回绘图区选择作为边界集的对象。

(8)"允许的间隙"栏：将一个封闭区域的一组对象视为一个闭合的图案填充边界。默认值为0，即指定对象封闭了该区域并没有间隙。

2. 选择填充图案

在"图案填充和渐变色"对话框中选择"图案填充"选项卡，可以在此设置填充的图案，然后将其填充到指定的填充区域内，以表达图形的表面纹理和材质。

具体操作步骤如下。

(1)在"图案填充和渐变色"对话框中，单击"图案"后的按钮，如图5-62所示。

(2)在打开的"填充图案选项板"对话框中选择"其他预定义"选项卡，如图5-63所示，在列表中选择ANGLE图案，然后单击"确定"按钮，返回"图案填充和渐变色"对话框。

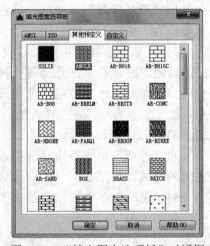

图5-62 "图案填充和渐变色"对话框　　图5-63 "填充图案选项板"对话框

在"图案填充"选项卡中，"类型和图案"选项区域的选项说明如下。

(1)类型：该下拉列表框用于设置使用图案填充的图案类型，AutoCAD提供了"预定义""用户定义"和"用户自定义"3种类型。

(2)图案：该下拉列表框用于选择要填充的图案，也可以单击下拉列表框后的按钮，在打开的"填充图案选项板"对话框中选择要填充的图案。

(3)样例：此选项用来给出一个样本图案，显示选定图案的预览图像。单击"样例"后的样本图案，可以显示"填充图案选项板"对话框。

(4)自定义图案：列出可用的自定义图案。6个最近使用的自定义图案将显示在列表前面。

3. 设置图案参数

对填充区域进行填充时，可以对图案的样式、比例和填充角度进行设置，其具体操作如下。

第 5 章 应用与管理图层、图块和图案填充

选择好填充图案后，返回"图案填充和渐变色"对话框，在其中设置图案的比例，如图 5-64 所示。单击"预览"按钮，预览图案填充效果。按"Esc"键返回"图案填充和渐变色"对话框，在其中修改图案的比例，单击"确定"按钮，完成本例的图案填充操作。

在"图案填充"选项卡中，"角度和比例"选项区域中各选项说明如下。

图 5-64 设置图案参数

（1）角度：用于设置填充图案的旋转角度。每种图案在定义时的初始角度为零，用户可在"角度"编辑框内选择或输入希望的旋转角度。

（2）比例：用于设置图案填充时的比例值。每种图案在定义时的初始比例为 1，用户可根据需要在"比例"编辑框中输入希望放大或缩小的相应比例值。在"类型"下拉列表中选择"用户自定义"选项时，该选项不可用。

（3）"双向"复选框：确定使用相互垂直的两组平行线填充图形，否则为一组平行线。

（4）"相对图纸空间"复选框：确定是否相对于图纸空间单位填充图案的比例值。选择此复选框，可以按适合预图形版面布局的比例方便地显示填充图案。该复选框仅适用于预图形版面编排。

（5）间距：设置填充平行线之间的间距。只有在"类型"下拉列表中选择"用户自定义"选项时，该选项才可以使用。

（6）ISO 笔宽：此选项根据用户选定的笔宽确定与 ISO 有关的图案比例。只有填充图案采用 ISO 图案时，此选项才可用。

4. 设置填充渐变色

渐变色是指从一种颜色到另一种颜色的平滑过渡。使用"图案填充和渐变色"对话框中的"渐变色"选项卡，可以创建单色或双色渐变色，使填充的图形产生光的视觉效果。

对图形进行渐变色填充，可以使用以下 4 种方法。

① 下拉菜单：选择"绘图"|"渐变色"命令。

② 工具栏：单击"绘图"|"渐变色"按钮。

③ 功能区：单击"默认"|"绘图"|"渐变色"按钮。

④ 命令行：输入"gradient"命令。

执行上述命令后，AutoCAD 弹出如图 5-65 所示的对话框，其中各选项说明如下。

图 5-65 "图案填充和渐变色"对话框的"渐变色"选项卡

(1)"单色"单选按钮：应用单色对所选的对象进行渐变填充，可以使用从较深色调到较浅色调平滑过渡。

(2)"双色"单选按钮：应用双色对所选的对象进行渐变填充，可以指定两种颜色之间平滑过渡的双色进行渐变填充。

(3)"居中"复选框：指定对称的渐变配置。如果没有选中该复选框，渐变填充将向左上方变化，创建光源在对象左边的图案。

(4)"角度"下拉列表框：相对当前 UCS 指定渐变填充的角度，与指定图案填充的角度互不影响，不同的渐变色填充效果如图 5-66 所示。

（a）单色线形居中 0 角度渐变填充　　（b）双色抛物线形居中 0 角度渐变填充

（c）单色线形居中 45°渐变填充　　（d）双色球形不居中 0 角度渐变填充

图 5-66　不同的渐变色填充效果

(5)渐变图案"预览"窗口：显示当前设置的渐变色效果，共有 9 种。

5. 设置渐变色填充效果

在填充渐变色时，可以在"方向"栏中通过设置是否居中和不同的角度达到不同的填充效果，如图 5-67 所示。

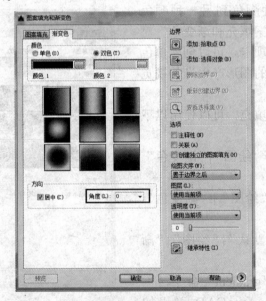

图 5-67　设置渐变色效果

6. 编辑图案填充

使用图案对图形进行填充之后，还可以对填充的内容进行编辑，主要包括编辑图案的填充比例、旋转角度、填充图案类型等。

启动"编辑图案"命令，主要有以下 3 种方法。

① 下拉菜单：选择"绘图"|"图案填充"命令，选择参数设置。
② 命令行：输入"hatchedit(he)"命令后按"Space"键或"Enter"键。
③ 双击图案填充对象，选择参数设置。

执行上述命令，选择图案后弹出如图 5-68 所示的"图案填充和渐变色"对话框，选择"图案填充"选项卡，修改其中的相应参数，即可编辑已填充的图案。

图 5-68 "图案填充和渐变色"对话框

7. 分解填充图案

在 AutoCAD 中，无论填充一个图案多么复杂，系统都将其认为是一个独立的图形对象，可作为一个整体进行各种操作。但是，若使用"Explode"命令将其分解，则图案填充将按其图案的构成分解成许多相互独立的直线对象。因此，分解图案填充将大大增加文件的数据量，同时，分解后的图案也失去了与图形的关联性，建议用户除了特殊情况不要将其分解。

5.3.3 做中学

（1）打开图形文件。选择"文件"|"打开"命令，打开"第 5 章\效果文件\住宅平面布置图.dwg"图形文件，将其另存为"住宅平面图的室内地面装修材质图.dwg"。

（2）新建图层。单击"图层"工具栏中的"图层特性管理器"按钮，新建图层"填充"，如图 5-69 所示。

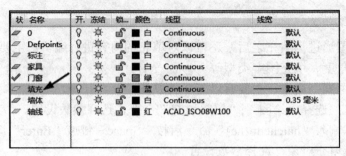

图 5-69 新建图层

（3）封闭房间。选择"填充"图层，选择"直线"命令，配合端点捕捉功能，分别将各房间两侧门洞连接起来，以形成封闭区域，如图 5-70 所示。

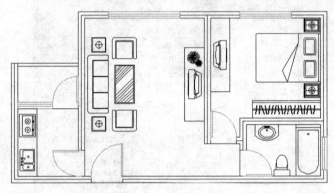

图 5-70 封闭房间

（4）填充图案。选择"图案填充"命令，在打开的"图案填充和渐变色"对话框中单击"图案"后的按钮，如图 5-71 所示。打开"填充图案选项板"对话框，选择"DOLMIT"填充图案，如图 5-72 所示。

图 5-71 选择填充图案

图 5-72 "填充图案选项板"对话框

单击"添加：拾取点"按钮，如图 5-73 所示；返回绘图区拾取如图 5-74 所示的区域作为填充边界；按"Enter"键返回"图案填充和渐变色"对话框中，设置"比例"为 15，如图 5-75 所示；单击"预览"按钮，预览图案填充的效果，如图 5-76 所示。

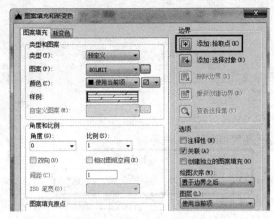

图 5-73 选择"添加：拾取点"按钮

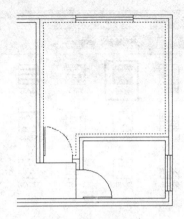

图 5-74 选择边界

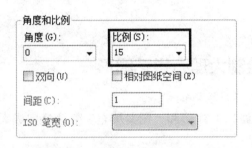

图 5-75 选择卧室图案的角度和比例值

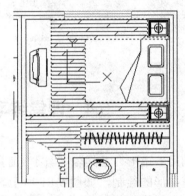

图 5-76 卧室的填充效果

（5）填充卫生间、厨房和阳台图案。图案填充的参数设置分别如图 5-77 和图 5-78 所示。

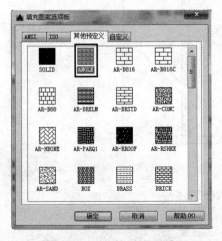

图 5-77 选择卫生间图案

图 5-78 选择卫生间图案的角度和比例值

（6）填充客厅图案。图案填充的参数设置分别如图 5-79 和图 5-80 所示。

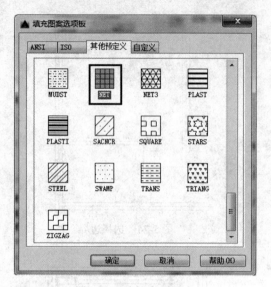

图 5-79　选择客厅图案

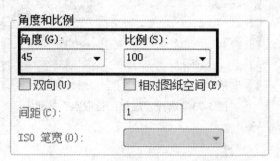

图 5-80　选择客厅图案的角度和比例值

5.4　课堂练习——绘制大理石拼花图形

利用"矩形"工具 ▭、"圆"工具 ⊙、"直线"工具 ╱ 和"图案填充"工具 ▨ 完成大理石拼花图形的绘制，如图 5-81 所示。

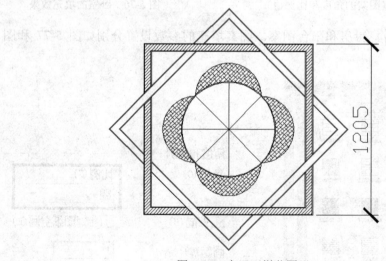

图 5-81　大理石拼花图形

5.5 课后习题——绘制住宅楼平面布置图形

利用"图块"命令绘制住宅楼平面布置图形,如图 5-82 所示。

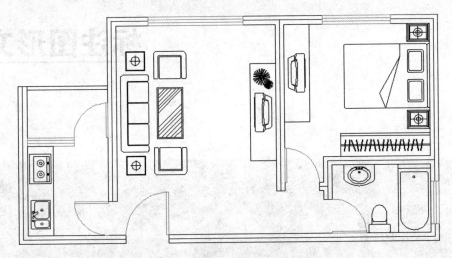

图 5-82　住宅楼平面布置图形

第 6 章

标注图形文字

学习目标

掌握文字样式的设置、标注单行文字、标注多行文字注释、图形信息的查询和创建、编辑表格等技能,为标注设计图纸的文字与符号奠定基础。

主要内容

- ◆ 设置文字样式。
- ◆ 标注单行文字。
- ◆ 标注多行文字。
- ◆ 编辑文字注释。
- ◆ 图形信息查询。
- ◆ 创建与编辑表格。

第 6 章 标注图形文字

6.1 标注室内装修户型图房间功能

6.1.1 本节任务

标注室内装修户型图房间功能，如图 6-1 所示。

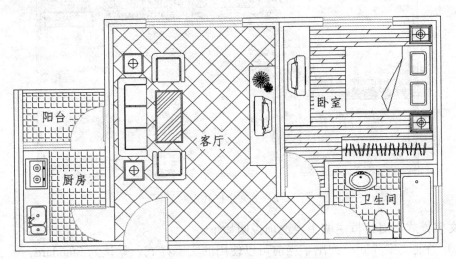

图 6-1 标注室内装修户型图房间功能

6.1.2 背景知识

用 AutoCAD 绘制建筑设计图纸的过程可分为绘图、编辑、标注、打印 4 个阶段。在标注阶段，设计人员需要标注出所绘制的墙体、门窗等图形对象的位置、长度等信息。另外，还要添加文字说明或表格来表达施工材料、构造做法、施工要求等设计信息。

1. 创建文字样式

AutoCAD 图形中的所有文字都具有与之相关联的文字样式。在默认情况下，使用的文字样式为系统提供的"Standard"样式，用户可根据绘图的要求修改或创建一种新的文字样式。

当在图形中输入文字时，系统将使用当前的文字样式来设置文字的字体、高度、旋转角度和方向。若用户需要使用其他文字样式来创建文字，则需要将其设置为当前的文字样式。

启动"文字样式"命令，可以使用以下 4 种方法。

① 下拉菜单：选择"格式"|"文字样式"命令。

② 工具栏：单击"文字"|"文字样式"按钮 。

③ 功能区：单击"默认"|"注释"|"文字样式"按钮 或"注释"|"文字"|"对话

框启动器"按钮。

④ 命令行：输入"style"命令。

执行上述命令后，可以打开"文字样式"对话框，如图 6-2 所示。单击"新建"按钮，新建文字样式。

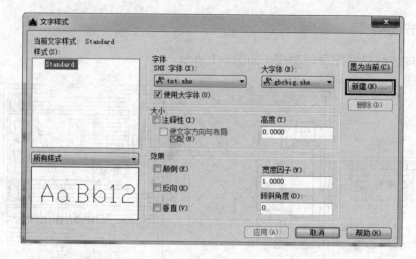

图 6-2 "文字样式"对话框

"文字样式"对话框中的主要选项说明如下。

（1）当前文字样式：列出了当前可以使用的文字样式，默认为 Standard。

（2）所有样式：在列表框中显示了图形中所有的文字样式。

（3）字体：在该下拉列表中为所选字体指定字体格式。选择的文字字体不同，所对应的字体格式也不同。常用的字体格式包括"常规""粗体"或"斜体"等。如果选中"使用大字体"复选框，该选项将变为"大字体"，用于选择大字体文件。

（4）高度：在该文本框中输入文字高度值。如果文字高度值设置为 0，当每次使用该文字样式输入文字时，AutoCAD 都将要求指定文字高度；如果将文字高度设置为大于 0 的值，使用该文字样式输入文字时，AutoCAD 将不再要求指定文字高度。

 有时用户书写的中文会显示为乱码或 "?" 符号，出现此现象的原因是用户选择的字体不恰当，该字体无法显示中文，此时可在"字体名"下拉列表中选择合适的字体，如选择"仿宋_GB2312"选项，即可将其显示出来。

（5）"颠倒"复选框：选中该复选框，AutoCAD 将倒置显示字符，其预览效果如图 6-3（a）所示。

（6）"反向"复选框：选中该复选框，AutoCAD 将反向显示字符，其预览效果如图 6-3（b）所示。

（7）"垂直"复选框：选中该复选框，AutoCAD 将以垂直对齐的方式显示字符，其预览效果如图 6-4 所示，该效果适用于 Standard 样式。取消选中该复选框，将以水平对齐的方式显示字符。

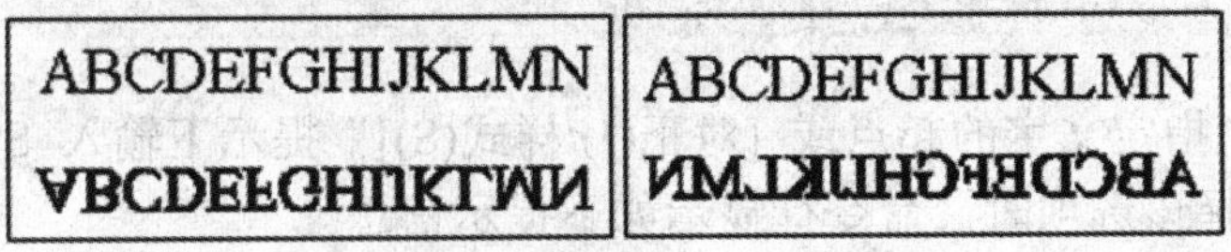

图 6-3 文字"颠倒"和"反向"的显示效果　　　图 6-4 文字"垂直"的显示效果

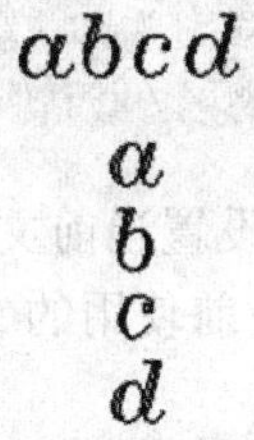

（8）宽度因子：在该文本框中输入数值以控制文字的宽度。当宽度因子为 1 时，AutoCAD 将按字体中定义的高度显示文字；当宽度因子大于 1 时，字体会变宽；当宽度因子小于 1 时，字体宽度会被压缩变窄。

（9）倾斜角度：在该文本框中输入数值以控制文字的倾斜角度。该参数设置范围为 −85°～85°。当参数值设置为 0 时，文字不发生倾斜；当参数值设置为负数时，文字按照顺时针方向倾斜；当参数值设置为正数时，文字按照逆时针方向倾斜。

2．创建单行文字

使用"单行文字"命令输入文字信息不是指只能输入一行文字，而是指在 AutoCAD 中输入的每一行文字都将作为一个单独的图形对象来处理，在不按"Enter"键换行时，则一直往右延伸。选择"单行文字"命令，可以书写多行的单行文本内容，而且每行文字内容都可以单独作为一个图形对象来操作。

启动"单行文字"命令，主要使用以下 4 种方法。

① 下拉菜单：选择"绘图"|"文字"|"单行文字"命令。

② 工具栏：单击"绘图"|"单行文字"按钮A。

③ 功能区：单击"默认"|"注释"|"单行文字"按钮A或"注释"|"文字"|"单行文字"按钮A。

④ 命令行：输入"text"或"dtext (dt)"命令。

启动"单行文字"命令后，其命令行操作如下。

```
命令：_text    //选择"单行文字"命令
当前文字样式："Standard"  文字高度：2.5000 注释性：否 对正：左  //系统显示当前文字样式和文字高度
指定文字的起点 或 [对正(J)/样式(S)]：  //确定文字的插入点
指定高度 <2.5000>：10   //输入文本的高度
指定文字的旋转角度 <0>：    //输入文本的旋转角度，且要区别于倾斜角度。按"Enter"键，输入文字，按两次"Enter"键结束命令
```

提示选项说明如下。

（1）指定文字的起点：在默认情况下，通过指定单行文字行基线的起点位置创建文字。

（2）设置对正方式：在"指定文字的起点或 [对正(J)/样式(S)]"提示信息后输入 J，可以设置文字的排列方式，此时命令行显示如下提示信息。

输入选项 [左(L)/居中(C)/右(R)/对齐(A)/中间(M)/布满(F)/左上(TL)/中上(TC)/右上(TR)/左中(ML)/正中(MC)/右中(MR)/左下(BL)/中下(BC)/右下(BR)]:

（3）设置当前文字样式：在"指定文字的起点或 [对正(J)/样式(S)]"提示下输入 S，可以设置当前使用的文字样式。选择该选项时，命令行显示如下提示信息。

输入样式名或 [?] <Standard>:

 在默认情况下，利用"单行文字"命令输入文字时使用的文字样式为 "Standard"，字体为 "txt.shx"。若需要其他字体，可先创建或选择适当的文字样式，然后再进行输入。

3. 编辑单行文字

单行文字可以进行单独编辑，编辑单行文字包括编辑文字的内容、缩放比例和对正方式，可以选择"修改"|"对象"|"文字"命令，在弹出的子菜单中进行设置，如图 6-5 所示。

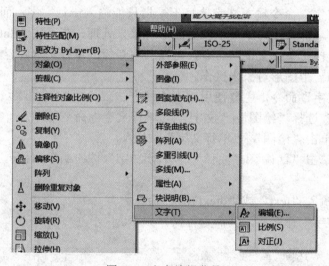

图 6-5 文字编辑菜单

各选项说明如下。

（1）"编辑"命令（ddedit）：选择该命令，然后在绘图窗口中单击需要编辑的单行文字，进入文字的编辑状态，可以重新输入文本内容。

 直接双击要修改的单行文字对象，也可以启用单行文字的编辑命令。

（2）"比例"命令（scaletext）：选择该命令，然后在绘图窗口中单击需要编辑的单行文字，此时需要输入缩放的基点，以及指定新高度、匹配对象（M）或缩放比例（S）。

（3）"对正"命令（justifytext）：选择该命令，然后在绘图窗口中单击需要编辑的单行文字，此时可以重新设置文字的对正方式。

4. 设置对正方式

在 AutoCAD 系统中，确定文本位置采用 4 条定位线，即顶线、中线、基线和底线，如图 6-6 所示。

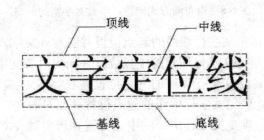

图 6-6　文字的定位线

在创建单行文字的过程中，当命令行出现"指定文字的起点或 [对正(J)/样式(S)]"提示信息后输入 J，可以设置文字的对正方式，此时命令行显示如下提示信息。

输入选项 [左(L)/居中(C)/右(R)/对齐(A)/中间(M)/布满(F)/左上(TL)/中上(TC)/右上(TR)/左中(ML)/正中(MC)/右中(MR)/左下(BL)/中下(BC)/右下(BR)]：

各选项说明如下。

（1）左（L）：基线上靠左对齐文字。

（2）居中（C）：使文字从基线的水平中心对齐，提示项中要求指定的文字中心点是定义基线的水平中点。

（3）右（R）：基线上靠右对齐文字。

（4）对齐（A）：通过指定基线的两个端点来指定文字的高度和方向，如图 6-7 所示。输入的文字串字符将均匀分布于指定文字基线的两个端点之间，字符的大小根据其高度按比例调整，文字字符串越长，字符越小。值得注意的是，用户以从左向右或从右向左的方向来定位基线的起点和终点，创建的文字效果是不同的。

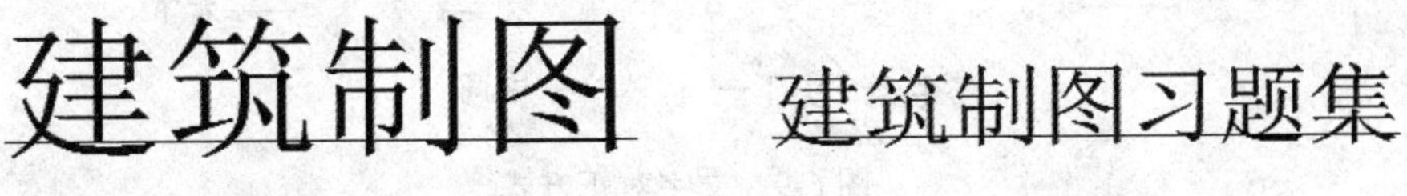

建筑制图　　建筑制图习题集

图 6-7　用对齐方式定位，字数对字大小的影响

（5）中间（M）：使文字在基线的水平中点和指定高度的垂直中点上对齐，中间对齐的文字不保持在基线上，提示项中要求指定的文字中点是所有文字包括下行文字在内的中点。

（6）布满（F）：使文字按两点定义的方向和文字高度值布满一个区域。输入的文字将均匀分布于指定文字基线的两个端点之间，字符高度为指定高度（即文字起点到用户指定点之间的距离）。文字行的旋转角度由两点连线的倾斜角度决定。文字字符串越长，字符越窄，但字符高度不变，如图6-8所示。

画法几何　　画法几何与建筑制图

图6-8　用布满方式定位，字数对字宽的影响

（7）左上（TL）：指定文字行顶线的起点位置并左对齐文字。
（8）中上（TC）：指定文字行顶线的中点位置并居中对齐文字。
（9）右上（TR）：确定文字行顶线的终点位置并右对齐文字。
（10）左中（ML）：确定文字行中线的起点位置并左对齐文字。
（11）正中（MC）：确定文字行中线的中点位置并居中对齐文字，提示项中要求指定的文字中点是使用大写字母高度的中点。
（12）右中（MR）：确定文字行中线的终点位置并右对齐文字。
（13）左下（BL）：确定文字行底线的起点位置并左对齐文字。
（14）中下（BC）：确定文字行底线的中点位置并居中对齐文字。
（15）右下（BR）：确定文字行底线的终点位置并右对齐文字。

> 提示：在以上提供的15种文字对正方式中，除了"对齐""中心""中间"和"右"对正方式外，其他的文字对正方式只适用于水平方向的文字。

各基点的位置如图6-9所示。

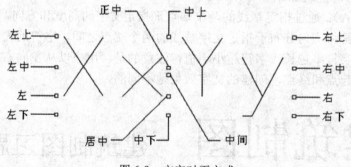

图6-9　文字对正方式

5. 输入特殊字符

在使用AutoCAD绘图过程中，往往需要标注一些特殊的字符。例如，在文字上方或下方添加画线、标注度符号（°）等。这些特殊字符不能从键盘上直接输入，因此AutoCAD

提供了相应的控制符，以实现这些标注要求，表 6-1 所示为在 AutoCAD 2016 中常用的控制代码。

表 6-1 AutoCAD 常用控制符

符 号	功 能	符 号	功 能
%%o	上画线	\U+0278	电相位
%%u	下画线	\U+E101	流线
%%d	"度数"符号	\U+2261	标识
%%p	"正/负"符号	\U+E102	界碑线
%%c	"直径"符号	\U+2260	不相等
%%%	百分号（%）	\U+2126	欧姆
\U+2248	几乎相等	\U+03A9	欧米加
\U+2220	角度	\U+214A	地界线
\U+E100	边界线	\U+2082	下标
\U+2104	中心线	\U+00B2	平方
\U+0394	差值		

其中，%%o 和%%u 分别是上画线和下画线的开关，第一次出现此符号时开始绘制上画线和下画线，第二次出现此符号时绘制上画线和下画线终止。例如，在"输入文字:"提示后输入"I want to %%u go to Beijing%%u."，则得到图 6-10（a）所示的文本行，输入"50%%d+%%c75%%p12"，则得到图 6-10（b）所示的文本行。

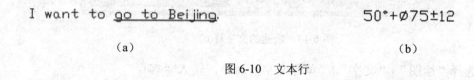

(a)   (b)

图 6-10 文本行

6.1.3 做中学

（1）打开图形文件。选择"文件"|"打开"命令，打开"第 6 章\素材文件\住宅平面图的室内地面装修材质图.dwg"图形文件，选择"另存为"命令，将图形存储为"标注住宅地面装修户型图房间功能.dwg"。

（2）新建图层。单击"图层"工具栏中的"图层特性管理器"按钮，新建图层"文字"，将"文字"图层设为当前图层。

(3)选择"文字样式"命令,打开"文字样式"对话框,单击"新建"按钮,如图 6-11 所示。在"新建文字样式"对话框中输入样式名"仿宋体",如图 6-12 所示。单击"确定"按钮,返回"文字样式"对话框,如图 6-13 所示,依次单击"应用"和"关闭"按钮。

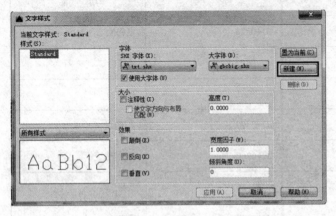

图 6-11 "文字样式"对话框　　　　　　　　图 6-12 输入文字样式名

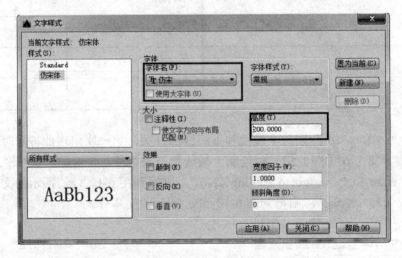

图 6-13 新建的文字样式

(4)选择"绘图"|"文字"|"单行文字"命令,输入"客厅"。

```
命令:_text   //选择"单行文字"命令
当前文字样式: "仿宋体"  文字高度: 200.0000  注释性: 否  对正: 左
指定文字的起点或 [对正(J)/样式(S)]:    //在客厅位置上拾取一点
指定文字的旋转角度 <0>:  //按"Enter"键,在绘图区输入"客厅"。
```

(5)选择"复制"命令,将标注的单行文字"客厅"分别复制到其他房间内,结果如图 6-14 所示。

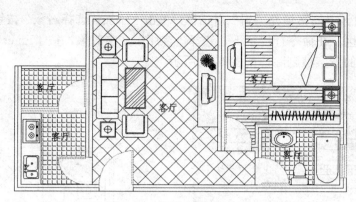

图 6-14 复制"客厅"文字

（6）编辑单行文字。双击单行文字，输入正确的文字内容，结果如图 6-15 所示。

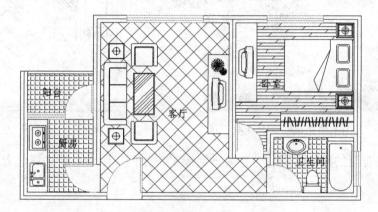

图 6-15 编辑文字

（7）此时，夹点显示客厅内的地板填充图案，在其上右击，在弹出的快捷菜单中选择"图案填充编辑"命令，如图 6-16 所示。

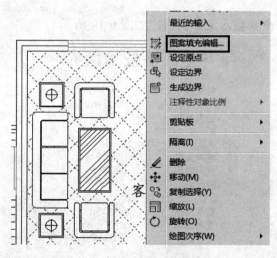

图 6-16 选择"图案填充编辑"命令

（8）系统打开"图案填充编辑"对话框，单击"添加：选择对象"按钮，如图 6-17 所示。返回绘图区，在命令行提示下，选择"客厅"文字对象，按"Enter"键，结果所选择文字对象区域的图案被删除，如图 6-18 所示。

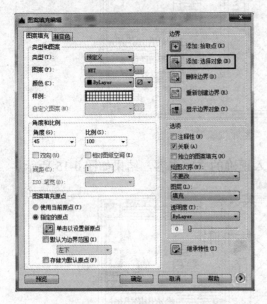

图 6-17 "图案填充编辑"对话框

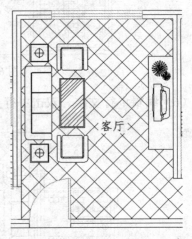

图 6-18 "客厅"文字对象

（9）参照前面的操作步骤，分别修改卧室、卫生间、阳台、厨房等位置的填充图案。

6.2 输入文字说明

6.2.1 本节任务

利用"多行文字"命令输入文字说明，如图 6-19 所示。

户型经济技术指标

标准层建筑面积	549.28m²
阳台面积	81.34m²
使用系数	69.3%
A型 三室一厅一卫	
建筑面积	92.29m²
使用面积	63.96m²
阳台面积	7.74m²
B型 一室一厅一卫	
建筑面积	55.08m²
使用面积	38.17m²
阳台面积	2.09m²

图 6-19 输入文字说明

6.2.2 背景知识

"多行文字"又称为段落文字,是一种易于管理的文字对象,可以由两行以上的文字组成,而且所有行的文字都是作为一个整体处理的。在工程制图中,常使用多行文字功能创建较为复杂的文字说明,如图样的技术要求等。

1. 创建多行文字

启动 mtext 命令,可以使用以下 4 种方法。
① 下拉菜单:选择"绘图"|"文字"|"多行文字"命令。
② 工具栏:单击绘图面板中的"多行文字"按钮A。
③ 功能区:单击"默认"|"注释"|"多行文字"按钮A 或"注释"|"文字"|"多行文字"按钮A。
④ 命令行:输入"mtext(mt)"命令。

启动"多行文字"命令后,其命令行操作如下。

```
命令:_mtext    //选择"多行文字"命令
当前文字样式:"Standard"   文字高度: 2.5   注释性: 否
指定第一角点:    //指定矩形框的第一个角点
指定对角点或 [高度(H)/对正(J)/行距(L)/旋转(R)/样式(S)/宽度(W)/栏(C)]:
```

各选项说明如下。

(1) 指定对角点:直接在屏幕上拾取一个点作为矩形框的第二个角点,AutoCAD 以这两个点为对角点形成一个矩形区域,其宽度作为将来要标注的多行文本的宽度,而且第一个角点作为第一行文本顶线的起点。系统将打开"文字编辑器"选项卡和多行文字编辑器,如图 6-20 所示,利用此编辑器输入多行文字并对其格式进行设置。

图 6-20 创建多行文字的"文字编辑器"选项卡和多行文字编辑器

(2) 对正(J):确定所标注文本的对正方式。

这些对正方式与 Text 命令中的各对正方式相同,在此不再重复。选择一种对正方式后按"Enter"键,AutoCAD 回到上一级提示。

(3)行距(L):确定多行文本的行间距,这里所说的行间距是指相邻两文本行的基线之间的垂直距离。

选择此选项,命令行操作如下。

输入行距类型[至少(A)/精确(E)]<至少(A)>:

在此提示下有两种方式确定行间距,即"至少"和"精确"方式。在"至少"方式下,AutoCAD 根据每行文本中最大的字符自动调整行间距;在"精确"方式下,AutoCAD 给多行文本赋予一个固定的行间距。可以直接输入一个确切的间距值,也可以输入"nx"的形式,其中"n"是一个具体数,表示行间距设置为单行文本高度的 n 倍,而单行文本高度是本行文本字符高度的 1.66 倍。

(4)旋转(R):确定文本行的倾斜角度。选择此选项,命令行出现如下提示。

指定旋转角度<0>:　　//输入倾斜角度
输入角度值后按 Enter 键,返回到"指定对角点或 [高度(H)/对正(J)/行距(L)/旋转(R)/样式(S)/宽度(W)]:"提示

(5)样式(S):确定当前的文字样式。

(6)宽度(W):指定多行文本的宽度。可在屏幕上拾取一点,将其与前面确定的第一个角点组成的矩形框的宽度作为多行文本的宽度,也可以输入一个数值,精确设置多行文本的宽度。

在创建多行文本时,只要给定了文本行的起始点和宽度,AutoCAD 就会打开多行文字编辑器,该编辑器包括一个"文字格式"对话框和一个快捷菜单。用户可以在编辑器中输入和编辑多行文本,包括设置字高、文字样式及倾斜角度等。

该编辑器与 Microsoft 的 Word 编辑器界面类似,事实上该编辑器与 Word 编辑器在某些功能上也趋于一致。

(7)栏(C):可以将多行文字对象的格式设置为多栏,可以指定栏和栏之间的宽度、高度及栏数,以及使用夹点编辑栏宽和栏高。其中提供了 3 个选项,即"不分栏""静态栏""动态栏"。

"文字编辑器"选项卡中显示了"格式"面板,其各项的含义与"文字格式"工具栏相似。

"格式"面板用来控制文本的显示特性,可以在输入文本之前设置文本的特性,也可以改变已输入文本的特性。要改变已有文本的显示特性,首先应选中要修改的文本。选择文本有以下 3 种方法。

① 将光标定位到文本开始处,按住鼠标左键,将光标拖到文本末尾。

② 双击某一个字,则该字被选中。

③ 在文本上右击 3 次,则选中全部内容。

"格式"面板中部分选项说明如下。

"文字高度"下拉列表框:用于确定文本的字符高度,可在其中直接输入新的字符高度,也可在该下拉列表框中选择已设定的高度。

"粗体"和"斜体"按钮:用于设置粗体和斜体效果。这两个按钮只对 TrueType 字体有效。

"下画线"和"上画线"按钮：用于设置或取消下/上画线。

"堆叠"按钮：该按钮为层叠/非层叠文本按钮，用于层叠所选的文本，即创建分数形式。当文本中某处出现"/""^"或"#"3种层叠符号之一时，可层叠文本，方法是选中需层叠的文字，然后单击此按钮，则符号左边的文字作为分子，符号右边的文字作为分母进行层叠。

"倾斜角度"文本框：用于设置文本的倾斜角度。

"符号"按钮：用于输入各种符号。单击该按钮，系统弹出符号列表，如图6-21所示，用户可以将从中选择的符号输入到文本中。

"插入字段"按钮：用于插入一些常用或预设字段。单击该按钮，系统弹出"字段"对话框，如图6-22所示，用户可以将从中选择的字段插入到标注文本中。

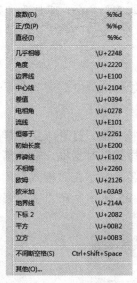

图6-21 符号列表

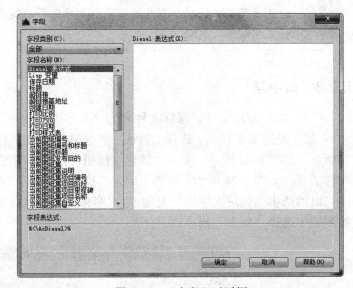

图6-22 "字段"对话框

"追踪"文本框：用于增大或减小选定字符之间的距离。

"宽度比例"文本框：用于扩展或收缩选定字符。

"栏"下拉列表：显示栏菜单，该菜单中提供5个选项，即"不分栏""静态栏""动态栏""插入分栏符"和"分栏设置"。

"多行文字对正"下拉列表：显示"多行文字对正"菜单，并且有9个对齐选项可用。

2．编辑多行文字

要编辑创建的多行文字，可选择"修改"|"对象"|"文字"|"编辑"命令，单击已经创建的多行文字，打开"多行文字编辑"窗口，然后参照多行文字的设置方法，修改并编辑文字。

启动"文本编辑"命令，可以使用以下3种方法。

① 下拉菜单：选择"修改"|"对象"|"文字"|"编辑"命令。

② 工具栏：单击"文字"|"编辑"按钮。

③ 命令行：输入"ddedit"命令。

执行上述命令后，其命令行操作如下。

```
命令：ddedit      //选择"文本编辑"命令
选择注释对象或[放弃(U)]:
```

要求选择想要修改的文本，同时光标变为拾取框。单击选择对象，若选择的文本是用 text 命令创建的单行文本，则该文本被选中，此时可对其进行修改；若选择的文本是用 mtext 命令创建的多行文本，则选择打开多行文字编辑器，可根据前面的介绍对各项设置或内容进行修改。

 在绘图窗口中双击输入的多行文字，或者对输入的多行文字右击，从弹出的快捷菜单中选择"重复编辑多行文字"或"编辑多行文字"命令，可打开"多行文字编辑"窗口。

6.2.3 做中学

（1）创建图形文件。保存文件名为"文字说明.dwg"。

（2）设置文字样式。选择"默认"|"注释"|"文字样式"按钮 ，打开"文字样式"对话框，如图 6-23 所示。单击"新建"按钮，打开"新建文字样式"对话框，输入新的文字样式名，如图 6-24 所示。单击"确定"按钮，新的文字样式名会显示在"样式"列表框中。取消选中"使用大字体"复选框，"字体"选项区域如图 6-25 所示，在"字体名"下拉列表中选择"仿宋"选项。

图 6-23 "文字样式"对话框

图 6-24 新建文字样式

图 6-25 设置字体

(3) 输入文字说明。选择"多行文字"命令 A，在绘图窗口中的适当位置右击，绘制文字区域，打开"多行文字编辑器"对话框，在"文字输入框"中输入文字，如图6-26所示。

(4) 输入数字和单位。输入文字"549.28m2"，选中数字"2"，单击"格式"中的"上标"按钮 ×，文字变成"549.28m^2"，如图6-27所示。

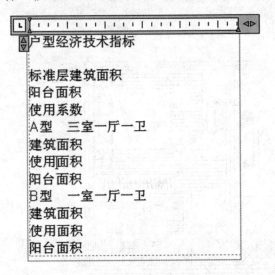

图6-26　输入文字　　　　　　　　　　图6-27　输入单位

(5) 更改文字高度。在"文字输入框"中，选中文字"户型经济技术指标"，在"文字高度"文本框中输入"4.5"，效果如图6-28所示。单击"确定"按钮，完成文字的输入。

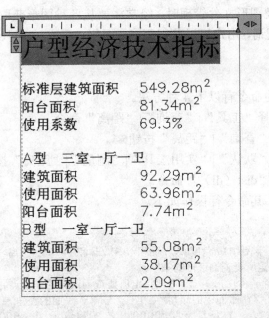

图6-28　更改文字高度

6.3 标注住宅平面图房间面积

6.3.1 本节任务

标注住宅平面图房间面积，如图 6-29 所示。

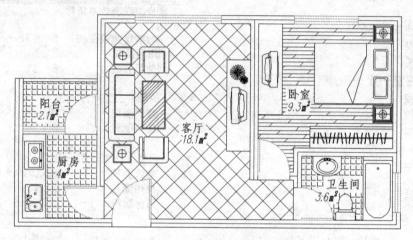

图 6-29 标注住宅平面图房间面积

6.3.2 背景知识

在进行绘图操作及图形文件管理时，经常需要从各种图形获取信息。AutoCAD 提供了信息查询功能，通过查询，用户可以获得距离、面积、面域、时间、状态等大量图形信息。

1. 距离查询

查询两点间距离的命令有以下 4 种方法。
① 下拉菜单：选择"工具"|"查询"|"距离"命令。
② 工具栏：单击"查询"|"距离"按钮 ▦。
③ 功能区：单击"默认"|"实用工具"|"测量"|"距离"按钮 ▦。
④ 命令行：输入"dist（di）"命令。
执行上述命令后，其命令行操作如下。

```
命令：_measuregeom        //选择"距离"命令 ▦
输入选项 [距离(D)/半径(R)/角度(A)/面积(AR)/体积(V)] <距离>：_distance
指定第一点：    //指定所要查询区域的第一点
指定第二个点或 [多个点(M)]：    //依次指定所要查询区域的其他点并确定
距离 = 1207.0847，XY 平面中的倾角 = 0，    与 XY 平面的夹角 = 0
X 增量 = 1207.0847，    Y 增量 = 0.0000，    Z 增量 = 0.0000        //系统自动显示查询结果
```

选项说明如下。

多个点（M）：如果使用此选项，将基于现有直线段和当前橡皮筋线即时计算总距离。

2. 面积查询

启动"面积查询"命令，可以使用以下4种方法。

① 下拉菜单：选择"工具"|"查询"|"面积"命令。
② 工具栏：单击"查询"|"面积"按钮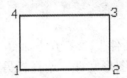。
③ 功能区：单击"默认"|"实用工具"|"测量"|"面积"按钮。
④ 命令行：输入"area"命令。

执行上述命令后，其命令行操作如下。

```
命令：_measuregeom         //选择"面积"命令
输入选项 [距离(D)/半径(R)/角度(A)/面积(AR)/体积(V)] <距离>: _area
指定第一个角点或 [对象(O)/增加面积(A)/减少面积(S)/退出(X)] <对象(O)>:    //捕捉点1
指定下一个点或 [圆弧(A)/长度(L)/放弃(U)]:         //捕捉点2
指定下一个点或 [圆弧(A)/长度(L)/放弃(U)]:         //捕捉点3
指定下一个点或 [圆弧(A)/长度(L)/放弃(U)/总计(T)] <总计>:     //捕捉点4
指定下一个点或 [圆弧(A)/长度(L)/放弃(U)/总计(T)] <总计>:     //按"Enter"键结束命令
区域 = 659266.5656，周长 = 3333.9618    //查得四边形的面积及周长，如图6-30所示
```

图6-30 查询四边形的面积及周长

各选项说明如下。

（1）指定第一个角点：计算由指定点所定义的面积和周长。
（2）增加面积（A）：打开"加"模式，并在定义区域时即时保持总面积。
（3）减少面积（S）：从总面积中减去指定的面积。
（4）对象（O）：直接选择一个对象，测量出所选对象的面积和周长。

> 查询面积时，如果没有闭合所选多边形，系统将假设从最后一点到第一点绘制了一条直线，然后计算所围区域的面积，如图6-31所示；如果计算周长，该直线的长度也包含在内。

选定的开放多段线   定义的面积

图6-31 开放多边形面积的计算

3. 列表

查询图形所包含的众多内部信息，如图层、面积、点坐标，以及其他的空间等特性参数。启动"列表"命令，可以使用以下3种方法。

① 下拉菜单：选择"工具"|"查询"|"列表"命令。
② 工具栏：单击"查询"工具栏中的"列表"按钮。
③ 命令行：输入"li"或"ls"命令。

执行上述命令后，其命令行操作如下。

```
命令：_list    //选择"列表"命令
选择对象：找到 1 个    //选择半径为 100 的圆
选择对象：    //按"Enter"键结束命令
              圆      图层：0    //半径为 100 的圆的特性参数
                      空间：模型空间
                  句柄 = 232
              圆心 点，X=-282.5912  Y= 669.2556  Z=   0.0000
              半径  100.0000
              周长  628.3185
              面积  31415.9265
```

6.3.3 做中学

（1）打开图形文件。选择"文件"|"打开"命令，打开"第 6 章\效果文件\标注住宅地面装修户型图房间功能.dwg"图形文件。选择"另存为"命令，将图形存储为"标注住宅地面装修户型图房间面积.dwg"。

（2）选择"文字"图层。单击"文字样式"按钮，打开"文字样式"对话框，创建"simplex.shx"文字样式，如图 6-32 所示。

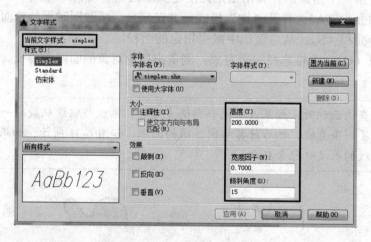

图 6-32 "文字样式"对话框

（3）选择"工具"|"查询"|"面积"命令，查询客厅的使用面积，如图 6-33 所示，命令行操作如下。

```
命令：_measuregeom    //选择"面积"命令
输入选项 [距离(D)/半径(R)/角度(A)/面积(AR)/体积(V)] <距离>: _area
指定第一个角点或 [对象(O)/增加面积(A)/减少面积(S)/退出(X)] <对象(O)>:   //捕捉A点
指定下一个点或 [圆弧(A)/长度(L)/放弃(U)]:        //捕捉B点
指定下一个点或 [圆弧(A)/长度(L)/放弃(U)]:        //捕捉C点
指定下一个点或 [圆弧(A)/长度(L)/放弃(U)/总计(T)] <总计>:    //捕捉D点
区域 = 18130000.0000, 周长 = 17200.0000
指定第一个角点或 [对象(O)/增加面积(A)/减少面积(S)/退出(X)] <对象(O)>: x   //输入参
数c，退出查询
```

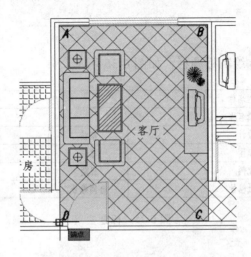

图6-33 查询客厅使用面积

（4）重复执行"面积"命令，分别查询其他房间的使用面积。

（5）选择"多行文字"命令，打开"多行文字编辑器"对话框，输入客厅的使用面积"18.1m2"，选择数字"2"，单击"上标"按钮×，文字变为"$18.1m^2$"。选择"复制"命令，将标注的面积数字等复制到其他房间，选择"修改"|"对象"|"文字"|"编辑"命令，输入正确的面积，如图6-34所示。

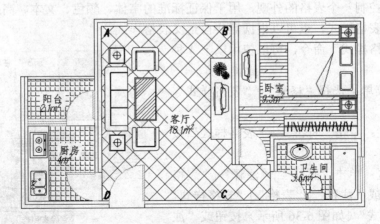

图6-34 输入正确面积

（6）此时，夹点显示客厅内的地板填充图案，在其上右击，在弹出的快捷菜单中选择"图案填充编辑"命令，系统打开"图案填充编辑"对话框，单击"添加：选择对象"按钮。返回绘图区，在命令行提示下，选择"客厅"位置的面积对象，按"Enter"键，所选择文字对象区域的图案被删除。分别修改其他房间的填充图案，将面积对象区域内的图案删除。

6.4 绘制标题栏

6.4.1 本节任务

利用"表格"命令绘制标题栏，如图 6-35 所示。

工程名称			
图纸名称			
设计		审核	
制图		客户	
比例		日期	
图纸编号		合同编号	

图 6-35　标题栏

6.4.2 背景知识

在中文版 AutoCAD 2016 中，既可以使用创建表格命令创建表格，也可以从 Microsoft Excel 中直接复制表格，并将其作为 AutoCAD 表格对象粘贴到图形中。此外，还可以输出来自 AutoCAD 2016 的表格数据，以便在 Microsoft Excel 或其他应用程序中使用。

1. 新建表格样式

表格样式控制一个表格的外观，用于保证标准的字体、颜色、文本、高度和行距。可以使用默认的表格样式，也可以根据需要自定义表格样式。

启动"表格样式"命令，可以使用以下 4 种方法。

① 下拉菜单：选择"格式"|"表格样式"命令。

② 工具栏：单击"标准"|"表格样式"按钮。

③ 功能区：单击"默认"|"注释"|"表格样式"按钮或"注释"|"表格"|"表格样式"|"管理表格样式"（如图 6-36 所示）按钮或"注释"|"表格"|"对话框启动器"按钮。

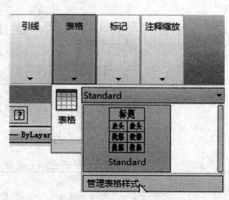

图 6-36　"表格"面板

④ 命令行：输入"tablestyle (ts)"命令。

选择"格式"|"表格样式"命令，打开"表格样式"对话框，如图 6-37 所示。单击"新建"按钮，可以使用打开的"创建新的表格样式"对话框创建新的表格样式，如图 6-38 所示。

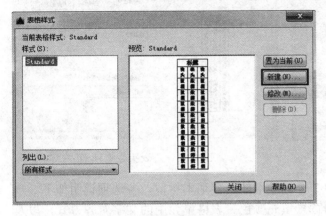

图 6-37　"表格样式"对话框　　　　图 6-38　"创建新的表格样式"对话框

在"新样式名"文本框中输入新的表格样式名，在"基础样式"下拉列表中选择默认的、标准的或任何已经创建的样式，新样式将在该样式的基础上进行修改。然后单击"继续"按钮，打开"新建表格样式：表格"对话框，在其中可以指定表格的格式、表格方向、边框特性和文本样式等内容。

2. 设置表格的数据、列标题和标题样式

在"新建表格样式：表格"对话框中，可以使用"数据""标题"和"表头"选项卡分别设置表格的数据、列标题和标题对应的样式。其中，"数据"选项卡如图 6-39 所示，"标题"选项卡如图 6-40 所示，"表头"选项卡如图 6-41 所示。

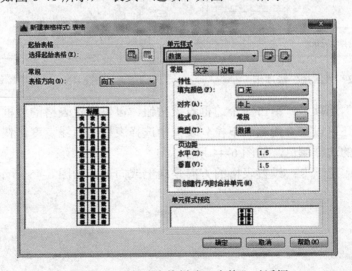

图 6-39　"新建表格样式：表格"对话框

图 6-40 "标题"选项卡

图 6-41 "表头"选项卡

"新建表格样式:表格"对话框中 3 个选项卡的内容基本相似,各选项说明如下。

(1)"常规"选项卡:设置表格的背景填充颜色、表格单元中的文字对齐方式,以及表格单元内容距离页边距的水平距离和垂直距离,如图 6-42 所示。

(2)"文字"选项卡:设置表格单元中的文字样式、文字高度、文字颜色、文字角度等特性,如图 6-43 所示。

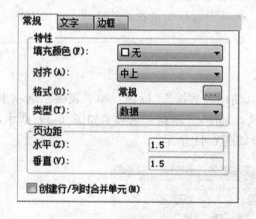
图 6-42 "常规"选项卡

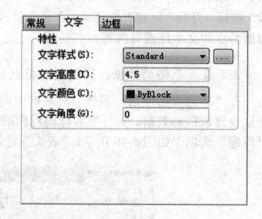
图 6-43 "文字"选项卡

(3)"边框"选项卡:单击 5 个边框设置按钮,可以设置表格的边框是否存在。当表格具有边框时,还可以在"线宽"下拉列表框中选择表格的边线宽度,在"颜色"下拉列表框中设置表格的边框颜色,如图 6-44 所示。

(4)"常规"选项卡:设置表格的方向是向上或向下,如图 6-45 所示。

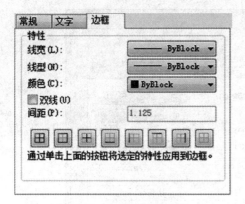 

图 6-44 "边框"选项卡　　　　　　图 6-45 "常规"选项区域

3. 管理表格样式

在 AutoCAD 2016 中,还可以使用"表格样式"对话框管理图形中的表格样式,如图 6-46 所示。在该对话框的"样式"列表框中显示了当前图形所包含的表格样式;在"预览:表格"窗口显示了选中的表格样式;在"列出"下拉列表框中,可以通过选择"所有样式"或"正在使用的样式"选项,来选定是显示图形中的所有样式,还是显示正在使用的样式。

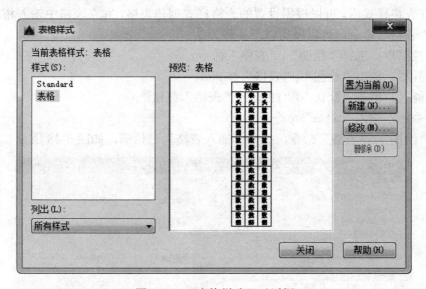

图 6-46 "表格样式"对话框

此外,在"表格样式"对话框中,可以单击"置为当前"按钮,将选中的表格样式置为当前;单击"修改"按钮,在打开的"修改表格样式:表格"对话框中修改选中的表格样式,如图 6-47 所示;单击"删除"按钮,删除选中的表格样式。

图 6-47 "修改表格样式：表格"对话框

4. 创建表格

设置好表格样式后，可以根据设置的表格样式创建表格，并在表格中输入相应的文字。
启动"表格"命令，可以使用以下 4 种方法。
① 下拉菜单：选择"绘图"|"表格"命令。
② 工具栏：单击"绘图"|"表格"按钮。
③ 功能区：单击"默认"|"注释"|"表格"按钮。
④ 命令行：输入"table"命令。
选择"绘图"|"表格"命令，打开"插入表格"对话框，如图 6-48 所示。

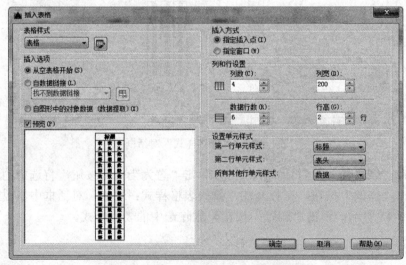

图 6-48 "插入表格"对话框

"插入表格"对话框中各选项说明如下。

(1) 在"表格样式"选项区域中,可以从表格样式"名称"下拉列表框中选择表格样式,或者单击其后的按钮,打开"表格样式"对话框,创建新的表格样式。

(2) 在"插入方式"选项区域中,选中"指定插入点"单选按钮,可以在绘图窗口中的某点插入固定大小的表格;选中"指定窗口"单选按钮,可以在绘图窗口中通过拖动表格边框来创建任意大小的表格。

(3) 在"列和行设置"选项区域中,可以通过改变"列数""列宽""数据行数""行高"文本框中的数值来调整表格的外观大小。

5. 编辑表格文字

使用表格功能,可以快速完成标题栏和明细表等表格类图形的绘制,完成表格操作后,有时需要对表格内容进行编辑。编辑表格文字主要有以下两种方法。

① 双击要进行编辑的表格文字,使其呈现可编辑状态。

② 输入"tabledit"命令并确定。

双击要进行编辑的表格文字,打开"文字编辑器"选项卡,即可在其中修改文字内容,如图 6-49 所示。

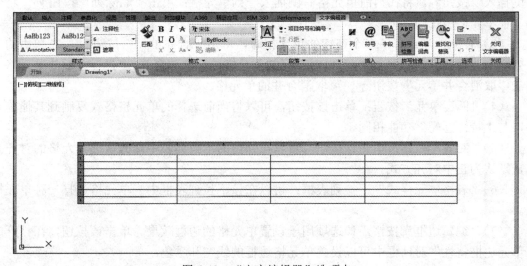

图 6-49 "文字编辑器"选项卡

6. 编辑表格单元

编辑表格单元主要是在"表格单元"选项卡中进行的。插入表格后,选择表格中的任意单元格,可打开如图 6-50 所示的"表格单元"选项卡,单击相应的按钮可完成表格单元的编辑。

"表格单元"选项卡中主要选项说明如下。

(1) 行:单击"从上方插入"按钮,将在当前单元格上方插入一行单元格;单击"从下方插入"按钮,将在当前单元格下方插入一行单元格;单击"删除行"按钮,将删除当前单元格所在的行。

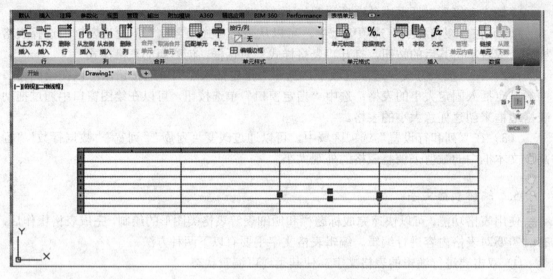

图 6-50　修改表格单元

（2）列：单击"从左侧插入"按钮，将在当前单元格左侧插入一列单元格；单击"从右侧插入"按钮，将在当前单元格右侧插入一列单元格；单击"删除列"按钮，将删除当前单元格所在的列。

（3）合并：当选择了多个连续的单元格时，单击"合并单元"按钮，在弹出的下拉列表中选择相应的合并方式，可以对选择的单元格进行全部合并；选择合并后的单元格，单击"取消合并单元"按钮，可取消合并的单元格。

（4）"匹配单元"按钮：单击该按钮，可以将当前选择的单元格格式复制到其他单元格，与"特性匹配"功能相同。

（5）"对齐"按钮：单击该按钮，可以在弹出的下拉列表中修改所选单元格的对齐方式，默认为正中对齐方式。

（6）"表格单元样式"下拉列表框：可以在该下拉列表框中为单元格选择一种单元样式。

（7）"编辑边框"按钮：该选项用于设置单元格的边框效果。单击该按钮，在打开的"单元边框特性"对话框中可以设置单元格边框的线宽和颜色。

（8）"单元锁定"按钮：单击该按钮，在弹出的下拉列表中可以对所选单元格进行格式或内容的锁定及解锁等。

（9）"数据格式"按钮：单击该按钮，在弹出的下拉列表中可以选择单元格中的数据类型及格式。

（10）"块"按钮：单击该按钮，将打开"插入"对话框，可以在表格的单元格中插入图块。

（11）"字段"按钮：单击该按钮，将打开"字段"对话框，可以插入 AutoCAD 中设置的一些短语。

（12）"公式"按钮：单击该按钮，在弹出的下拉列表中可以选择一种运算方式对所选单元格中的数据进行运算。

6.4.3 做中学

（1）创建图形文件。保存文件名为"标题栏.dwg"。

（2）设置文字样式。选择"样式"工具栏中的"文字样式"命令，打开"文字样式"对话框。新建"仿宋体"字体，如图 6-51 所示；新建"数字"字体，如图 6-52 所示。

图 6-51　"仿宋体"字体样式　　　　　　图 6-52　"数字"字体样式

（3）设置表格样式。选择"格式"|"表格样式"命令，打开"表格样式"对话框，如图 6-53 所示。单击"新建"按钮，打开"创建新的表格样式"对话框，创建新的表格样式"标题栏"，如图 6-54 所示。单击"继续"按钮，打开"新建表格样式：标题栏"对话框，参数设置分别如图 6-55 和图 6-56 所示。

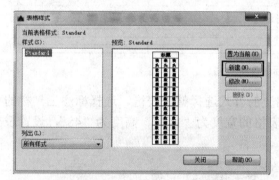 

图 6-53　"表格样式"对话框　　　　　　图 6-54　创建标题栏

图 6-55　设置"对齐"参数　　　　　　图 6-56　设置"文字"参数

（4）插入表格。选择"表格"工具，打开"插入表格"对话框，参数设置如图 6-57 所示。在绘图区插入表格，如图 6-58 所示。

图 6-57 插入表格

图 6-58 表格

值得注意的是,表格的第一行和第二行分别作为标题和表头行,表格生成后再将其删除。

(5)单击"标题"单元格,弹出"表格单元"功能区,单击"删除行"按钮,将第一行和第二行删除,如图 6-59 所示。

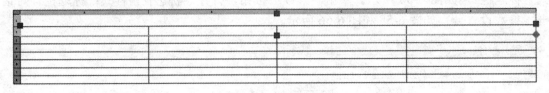

图 6-59 "标题"单元格

(6)修改表格的尺寸。在绘图区利用圈交的方式选择整个表格,选择标注工具栏的"特性"按钮,在"特性"对话框中修改表格的宽度为"140"、高度为"48",设置表格的尺寸,如图 6-60 所示。

图 6-60 "表格"属性设置

（7）合并相应的单元格。选中需要合并的单元格，单击"合并"按钮，合并单元格，如图 6-61 和图 6-62 所示。

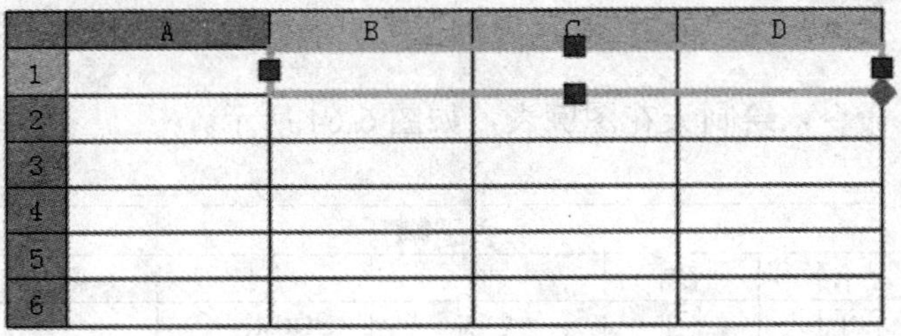

图 6-61　合并单元格

图 6-62　合并后的表格

（8）输入文字。双击需要输入文字的表格，在弹出的"多行文字"对话框中输入要填写的文字，单击"确定"按钮，完成该表格的编辑。

6.5　课堂练习——填写结构设计总说明

利用"多行文字"命令或"单行文字"命令，填写结构设计总说明，如图 6-63 所示。

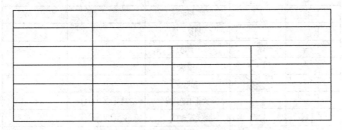

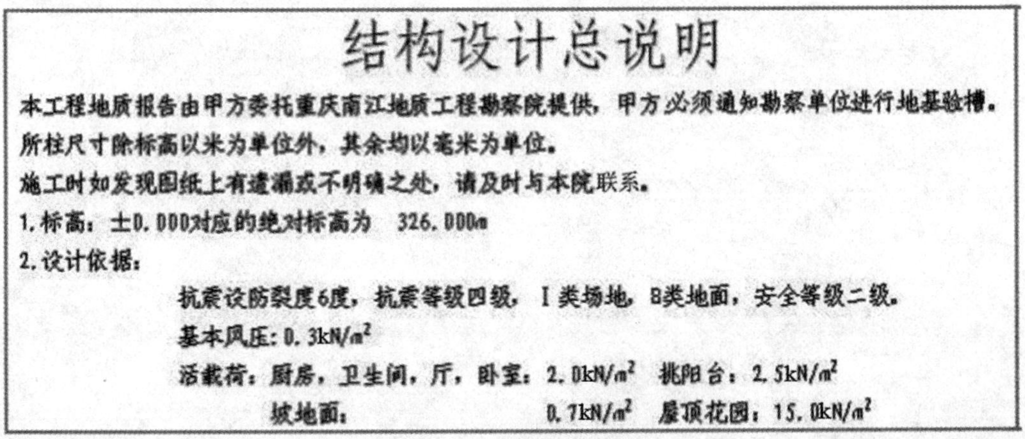

图 6-63　结构设计总说明

6.6 课后习题——绘制天花图例表

利用"表格"命令，绘制天花图例表，如图 6-64 所示。

天花图例表				
代号	图例	名称	尺寸	备注
T1	⊠	排气扇	300×300	
T2	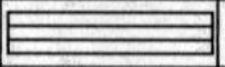 ▤	盘管风机回风口	200×1200	
T3	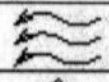 ≋	出风口		
T4	△	喇叭		
T5	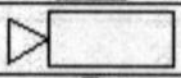 ▷▭	闭路电视		
T6	◐	烟感		
T7	⊙	喷淋		
T8	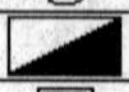 ◪	配电箱		
T9	▭	天花下送风口	400×400	
T10	⊠	天花活口	600×600	
T11	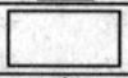 ▭	检修口	600×1200	
T12	△	电话插座		
T13	⎾	开关		
T14	◨	干手器		
T15	⏋	插座(离地300)		
T16	◉	地面插座		

图 6-64 天花图例表

第7章

标注图形尺寸

学习目标

掌握尺寸的标注方法及技巧,以便在绘制建筑工程设计图时表达一些图形所无法表达的信息。

主要内容

- ◇ 设置标注样式。
- ◇ 标注线型尺寸与对齐尺寸。
- ◇ 标注直径、半径尺寸。
- ◇ 标注角度与坐标。
- ◇ 基线标注、快速标注与连续标注。
- ◇ 编辑标注与标注文字。

7.1 创建"建筑"标注样式

7.1.1 本节任务

掌握尺寸标注样式的设置方法,设置合理的尺寸标注样式。

7.1.2 背景知识

尺寸标注是绘图设计中的一项重要内容,因为绘制图形的根本目的是反映对象的形状,清晰地表达图形的设计意图,而图形中各个对象的真实大小和相互位置只有经过标注后才能确定。

AutoCAD 提供了一套完整的尺寸标注命令和实用程序,利用尺寸标注命令,可以方便、快速地标注出图样中的尺寸。例如,使用 AutoCAD 中的"直径""半径""角度""圆心标记"等命令,可以对直径、半径、角度及圆心位置等进行标注。不过,用户在学习尺寸标注方法之前,必须了解 AutoCAD 2016 尺寸标注的组成、标注样式的创建和设置方法。

1. 尺寸标注的组成

AutoCAD 2016 为用户提供了完备的尺寸标注功能,尽管尺寸标注类型多种多样,但大都由标注文字、尺寸线、箭头和尺寸界线 4 个元素所组成,如图 7-1 所示。AutoCAD 将尺寸作为一个块,并以块的形式放在图形文件内,因此一个尺寸可看作一个对象。

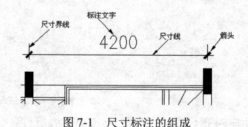

图 7-1 尺寸标注的组成

(1)箭头:显示在尺寸线的末端,用于指出测量的开始和结束位置,不同的图形使用不同的箭头形式。例如,机械制图中使用实心箭头,而在室内制图中使用斜线,如图 7-2 所示。

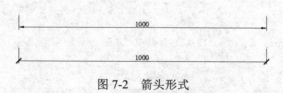

图 7-2 箭头形式

(2)标注文字:标注对象的实际测量值或用户已经修改过的非真实值,既可以只反映基本尺寸,也可以带尺寸公差。标注的文字应按照标准字体书写,同一张图纸上的字高要一致。在图形中遇到图线需要穿过时，则将图线断开，如果断开的图线影响图形表达，就需要调整尺寸标注的位置。

（3）尺寸线：一般是一条带有双箭头的线段，应使用细实线绘制，标明标注的方向和范围。对于角度标注，尺寸线是一段圆弧。AutoCAD 通常将尺寸线放置在测量区域中，若空间不足，则将尺寸线或文字移到测量区域的外部，这要取决于标注样式的设置规则。

（4）尺寸界线：从标注起点引出的标明标注范围的直线，也应使用细实线绘制，可以从图形的轮廓线、轴线、对称中心线引出。同时，轮廓线、轴线及对称中心线也可以作为尺寸界线。尺寸界线一般垂直于尺寸线，但也可以倾斜。

2. 创建标注样式

默认情况下，在 AutoCAD 2016 中创建尺寸标注时使用的尺寸标注样式是"ISO-25"，用户可以根据需要修改或创建一种新的尺寸标注样式。

AutoCAD 2016 提供的"标注样式"命令用来创建尺寸标注样式。启用"标注样式"命令后，系统将弹出"标注样式管理器"对话框，从中可以创建或调用已有的尺寸标注样式。在创建新的尺寸标注样式时，用户需要设置尺寸标注样式的名称，并选择相应的属性。

创建新尺寸标注样式有以下 4 种方法。

① 下拉菜单：选择"格式"|"标注样式"命令或"标注"|"标注样式"命令。
② 工具栏：单击"标注"|"标注样式"按钮 。
③ 功能区：单击"默认"|"注释"|"标注样式"按钮 或"注释"|"标注样式"按钮 。
④ 命令行：输入"dimstyle (d)"命令。

创建尺寸标准样式的操作步骤如下。

（1）选择"标注样式"命令，打开"标注样式管理器"对话框，单击"新建"按钮，如图 7-3 所示。

（2）在打开的"创建新标注样式"对话框的"新样式名"文本框中输入"建筑"，然后单击"继续"按钮，创建"建筑"标注样式，如图 7-4 所示。

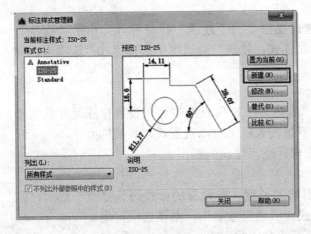

图 7-3 "标注样式管理器"对话框

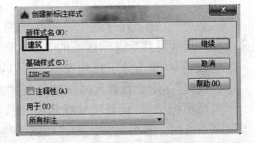

图 7-4 "创建新标注样式"对话框

(3) 在打开的"新建标注样式：建筑"对话框的各个选项卡中，对标注样式进行设置，如图7-5所示。

(4) 设置好标注样式后，单击"确定"按钮，返回"标注样式管理器"对话框，创建的标注样式将自动成为当前使用的样式，如图7-6所示。

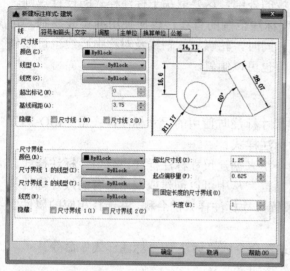

图7-5　"新建标注样式：建筑"对话框　　　　图7-6　新建"建筑"标注样式

3. 修改标注样式

若不满意当前的标注样式，可以对其进行修改。可修改标注样式的尺寸线、符号和箭头、标注文字和单位等。

(1) 修改标注尺寸线。

对图形进行尺寸标注时，可以设置尺寸线和尺寸界线（延伸线）的颜色、线型，以及起点偏移量等。在"修改标注样式"对话框中选择"线"选项卡，便可对尺寸线和尺寸界线进行修改。

打开"标注样式管理器"对话框，选择要修改的"建筑"标注样式，单击"修改"按钮，如图7-7所示。在打开的"修改标注样式：建筑"对话框中选择"线"选项卡，如图7-8所示。

"线"选项卡中各选项说明如下。

"颜色"：在"尺寸线"选项区域的"颜色"下拉列表框中可以设置标注尺寸线的颜色；在"尺寸界线"选项区域的"颜色"下拉列表框中可以设置尺寸界线的颜色。

"线型"：单击该下拉列表框，可以设置标注尺寸线的线型。

"线宽"：用于设置尺寸线的线条宽度。

"超出标记"：设置尺寸线超出尺寸界线的长度。若设置的标注箭头是箭头形式，则该选项不可用；若箭头形式为"倾斜"样式或取消尺寸箭头，则该选项可用。

"基线间距"：设定基线尺寸标注中尺寸线之间的间距。

第 7 章 标注图形尺寸

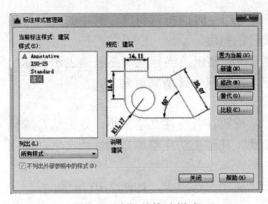

图 7-7 选择并修改样式

图 7-8 设置尺寸线参数

"隐藏":控制尺寸线的可见性。若选中"尺寸线 1"复选框,则在标注对象时,会隐藏尺寸线 1;若选中"尺寸线 2"复选框,则标注对象时隐藏尺寸线 2;若同时选中两个复选框,则在标注对象时不显示尺寸线。"尺寸界线"选项区域中的"隐藏"选项与"尺寸线"选项区域中的相似。

"超出尺寸线":用于设置尺寸界线超出尺寸线的距离。

"起点偏移量":用于设置尺寸界线距离标注对象端点的距离,通常应该使尺寸界线与标注对象之间保留一定距离,以便于区分所绘制的图形实体。

"固定长度的尺寸界线":选中该复选框可以将标注尺寸的尺寸界线设置成一样长,尺寸界线的长度可在"长度"文本框中指定。

(2)修改标注符号和箭头。

对图形进行尺寸标注时,可以选择多种箭头来标注图形,如实心闭合、空心闭合、点、30°角和直角等。在"修改标注样式"对话框中选择"符号和箭头"选项卡,便可以对标注箭头的样式及大小进行修改。

打开"修改标注样式:建筑"对话框,选择"符号和箭头"选项卡,如图 7-9 所示。

"符号和箭头"选项卡中主要选项说明如下。

"第一个":在 AutoCAD 中系统默认尺寸标注箭头为两个"实心闭合"的箭头,在"第一个"下拉列表框中可设置第一条尺寸线的箭头类型,当改变第一个箭头类型时,第二个箭头类型自动改变成与第一个箭头相同的类型。

"第二个":在该下拉列表框中设置第二个尺寸线箭头的类型,可以设置与第一个尺寸线不同的箭头类型。

"引线":设定引线标注时的箭头类型。

"箭头大小":设定标注箭头的显示大小。

"圆心标记":设定圆心标记的类型。若选中"无"单选按钮,在标注圆弧类的图形时,则取消圆心标注功能;若选中"标记"单选按钮,则标注出的圆心标记为十字线;若选中"直线"单选按钮,则标注出的圆心标记为中心线。"圆心标记"选项区域的数值框用于设置圆心标记的大小,当选中"无"单选按钮后,该数值框不可用。

"弧长符号"：主要用于设置在选择标注弧长时，其弧长符号是标注在文字上方、前方，还是不标注弧长符号。

"半径折弯标注"：主要用于设置进行半径折弯标注时的折弯角度。其中的"折弯角度"用于确定在折弯半径标注中尺寸线的横向线段的角度。

"线性折弯标注"：主要用于控制线性标注折弯的显示。当标注不能精确表示实际尺寸时，将折弯线添加到线性标注中。通常情况下，实际尺寸比所需值要小。

（3）修改标注文字。

对图形尺寸进行标注时，标注文字的大小非常重要，若标注文字太小，则无法看清标注的具体尺寸；若标注文字太大，则会使图形杂乱，甚至无法完整地显示标注文字。标注文字主要是在"文字"选项卡中进行设置的。

打开"修改标注样式：建筑"对话框，选择"文字"选项卡，如图 7-10 所示。

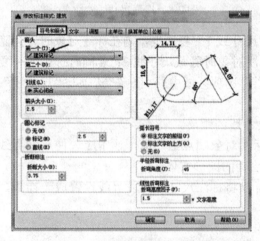 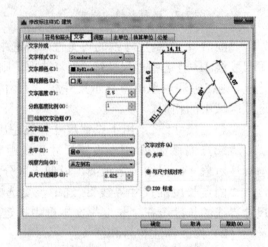

图 7-9　"符号和箭头"选项卡　　　　　图 7-10　"文字"选项卡

"文字"选项卡中主要选项说明如下。

"文字样式"：在其下拉列表框中可以选择文字样式，系统默认为 Standard。若需要创建一个新的文字样式，可单击该下拉列表框右侧的按钮，在打开的"文字样式"对话框中进行文字样式的创建。

"文字颜色"：在该下拉列表框中可以选择标注文字的颜色。

"填充颜色"：在该下拉列表框中可以选择文字的背景颜色。

"文字高度"：设置标注文字的高度。若已在文字样式中设置了文字高度，则该数值框中的值无效。

"分数高度比例"：设定分数形式字符与其他字符的比例。当在"主单位"选项卡中选择"分数"作为"单位格式"时，此选项才可用。

"绘制文字边框"：选中该复选框后，在进行尺寸标注时，可为标注文本添加边框。

"垂直"：控制标注文字相对于尺寸线的垂直对齐位置。

"水平"：控制标注文字在尺寸线方向上相对于尺寸界线的水平位置。

"从尺寸线偏移"：用于指定尺寸线到标注文字间的距离。

"水平"单选按钮：将所有标注文字水平放置。

"与尺寸线对齐"单选按钮:将所有标注文字与尺寸线对齐,文字倾斜度与尺寸线倾斜度相同。

"ISO 标准"单选按钮:当标注文字在尺寸界线内部时,文字与尺寸线平行;当标注文字在尺寸线外部时,文字水平排列。

(4)修改其他标注样式。

在"修改标注样式"对话框中除了可以设置前面介绍的常用标注参数外,还可以在"调整"选项卡、"主单位"选项卡、"换算单位"选项卡、"公差"选项卡中进行其他参数设置,这些选项卡的主要说明如下。

"调整"选项卡:在"调整选项"选项区域中可以设置当尺寸界线之间没有足够空间时标注文字和箭头的放置位置;在"文字位置"选项区域中可以设置当标注文字不在默认位置时应放置的位置;在"标注特征比例"选项区域中可以设置尺寸标注的缩放比例。

"主单位"选项卡:在"线性标注"选项区域中设置线型尺寸的单位;在"角度标注"选项区域中设置角度标注的单位格式。

"换算单位"选项卡:选中"显示换算单位"复选框,为标注文字添加换算测量单位。只有选中该复选框后,该选项卡中的其他选项才可用。

"公差"选项卡:在"公差格式"选项区域中可以设置公差格式。

4. 设置当前标注样式

将创建好的尺寸标注样式设置为当前尺寸标注样式后,在标注图形时,该标注样式才能被使用。设置当前尺寸标注样式主要有以下 3 种方法。

(1)打开"标注样式管理器"对话框,在左侧的"样式"列表框中选择需设置为当前的标注样式,然后单击"置为当前"按钮,如图 7-11 所示。

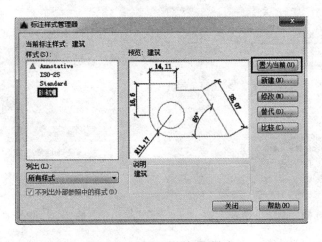

图 7-11 设置当前标注样式

(2)在"注释"选项卡中单击"标注样式"下拉列表框,在弹出的下拉列表中选择需要置为当前的尺寸标注样式,如图 7-12(a)所示。

(3)在工具栏"标注"中单击"标注样式"下拉列表框,在弹出的下拉列表中选择需要置为当前的尺寸标注样式,如图 7-12(b)所示。

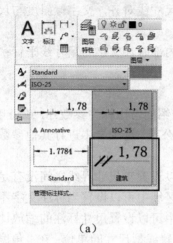 

(a)　　　　　　　　　　　　　　　　(b)

图 7-12　选择要置为当前的样注样式

5. 删除标注样式

在"标注样式管理器"对话框中不仅可以创建不同的标注样式,还可以对多余的标注样式进行删除,从而有利于用户更方便地管理标注样式。

打开"标注样式管理器"对话框,在左侧"样式"列表框中右击"建筑"样式,在弹出的快捷菜单中选择"删除"命令,如图 7-13 所示。

在打开的"标注样式-删除标注样式"提示对话框中单击"是"按钮,即可将"建筑"样式删除,如图 7-14 所示。

返回"标注样式管理器"对话框中,单击"关闭"按钮。

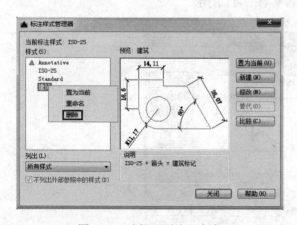 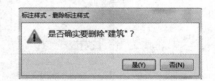

图 7-13　选择"删除"命令　　　　　　图 7-14　单击"是"按钮

> 提示：在 AutoCAD 中,无法删除正在使用的标注样式和当前标注样式。

7.1.3 做中学

(1) 打开图形文件。选择"文件"|"打开"命令,弹出"选择文件"对话框,打开"第 7 章\素材文件\标注住宅地面装修户型图房间面积.dwg"文件。

(2) 选择"标注"|"标注样式"命令,单击 按钮,打开"标注样式管理器"对话框,单击"新建"按钮,创建"建筑"标注样式。在打开的"新建标注样式:建筑"对话框的"线"选项卡和"符号和箭头"选项卡中,分别对标注样式进行设置,如图 7-15 和图 7-16 所示。

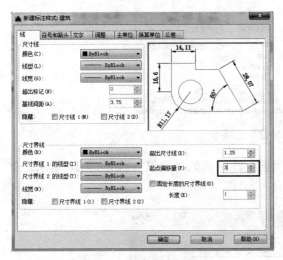

图 7-15 "线"选项卡

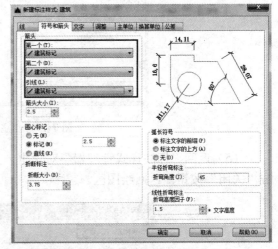

图 7-16 "符号和箭头"选项卡

(3) 分别展开"文字"选项卡和"调整"选项卡,修改尺寸文字的样式、大小、位置及其他参数,如图 7-17 和图 7-18 所示。

图 7-17 "文字"选项卡

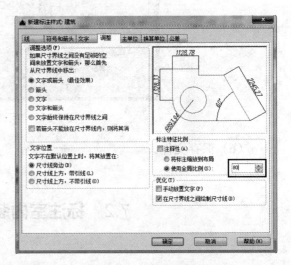

图 7-18 "调整"选项卡

(4) 展开"主单位"选项卡,修改标注单位和精度,如图 7-19 所示。

图 7-19 "主单位"选项卡

（5）返回"标注样式管理器"对话框，当前标注样式为"建筑"，如图 7-20 所示。单击"关闭"按钮，返回绘图区。

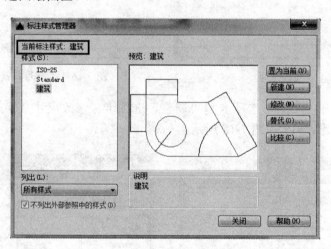

图 7-20 显示当前标注样式

（6）保存文件。

7.2 标注室内装修户型图尺寸

7.2.1 本节任务

标注室内装修户型图尺寸，如图 7-21 所示。

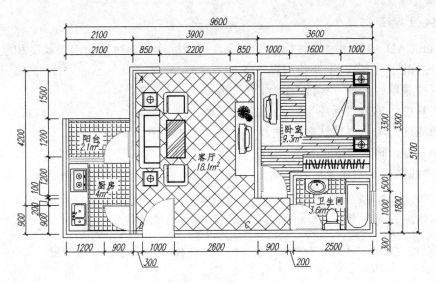

图 7-21 标注室内装修户型图尺寸

7.2.2 背景知识

AutoCAD 提供了十几种标注用于测量设计对象，在生成标注时，可以使用"标注"菜单、工具栏或功能区，或者在命令行中输入标注命令。通过鼠标右键可在"标准"工具栏中选择"标注"选项，显示"标注"工具栏，如图 7-22 所示；也可以选择"注释"|"标注"面板进行标注，如图 7-23 所示。

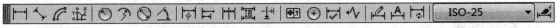

图 7-22 "标注"工具栏

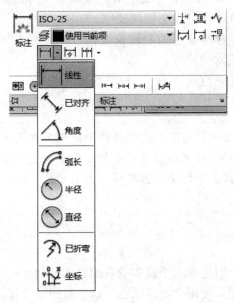

图 7-23 "标注"面板

1. 线性标注

在 AutoCAD 中使用"线性标注"命令，可以标注图形对象的水平长度和垂直高度。启动"线性标注"命令，主要使用以下 4 种方法。

① 下拉菜单：选择"标注"|"线性"命令。
② 工具栏：单击"标注"|"线性"按钮□。
③ 功能区：单击"默认"|"注释"|"线性"按钮□。
④ 命令行：输入"dimlinear（dli）"命令。

启动"线性标注"命令后，其命令行操作如下。

```
命令:_dimlinear    //选择"线性标注"命令↵
指定第一个尺寸界线原点或 <选择对象>:   //单击尺寸界线的起点
指定第二条尺寸界线原点：    //单击尺寸界线的终点
指定尺寸线位置或[多行文字(M)/文字(T)/角度(A)/水平(H)/垂直(V)/旋转(R)]:    //单击确定尺寸线的位置，如图 7-24 所示
标注文字 = 4000
```

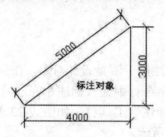

图 7-24 "线性标注"与"对齐标注"

各选项说明如下。

（1）多行文字（M）：通过"多行文字格式编辑器"对话框来编辑标注文字。
（2）文字（T）：在命令行自定义标注文字。
（3）角度（A）：确定标注文字的旋转角度。
（4）水平（H）：标注水平尺寸。
（5）垂直（V）：标注垂直尺寸。
（6）旋转（R）：设置尺寸线的旋转角度。

> 注意：进行线性标注时，当两个尺寸界线的起点不在同一水平或垂直直线上时，可以通过拖动鼠标来确定是创建水平标注还是垂直标注。使光标位于两尺寸界线的起始点之间，上下拖动鼠标可以引出水平尺寸线，左右拖动鼠标可以引出垂直尺寸线。

2. 对齐标注

"对齐标注"命令用于创建非水平或非垂直的直线型尺寸标注，对齐标注的尺寸线平行于两条尺寸界线原点的连线。使用"对齐标注"命令对图形进行标注，其尺寸线与标注对象平行，若标注圆弧两个端点间的距离，则尺寸线与圆弧的两个端点所产生的弦保持平行。

第 7 章 标注图形尺寸

启动"对齐标注"命令，主要使用以下 4 种方法。
① 下拉菜单：选择"标注"|"对齐"命令。
② 工具栏：单击"标注"|"对齐"按钮。
③ 功能区：单击"默认"|"注释"|"对齐"按钮。
④ 命令行：输入"dimaligned"命令。
启动"对齐标注"命令后，其命令行操作如下。

```
命令:_dimaligned    //选择"对齐标注"命令
指定第一个尺寸界线原点或 <选择对象>：    //单击尺寸界线的起点
指定第二条尺寸界线原点：    //单击尺寸界线的终点
指定尺寸线位置或[多行文字(M)/文字(T)/角度(A)]：    //确定尺寸线的位置
标注文字 = 5000
```

3. 坐标标注

"坐标标注"命令用于测量标注点到原点（即基准点）的垂直距离。基准点可以是当前 UCS 的原点，也可以是指定的新坐标原点。

当需要标注某点的坐标时，用户执行下面的任意一种操作，即可启动"坐标标注"命令。
① 下拉菜单：选择"标注"|"坐标"命令。
② 工具栏：单击"标注"|"坐标"按钮。
③ 功能区：单击"默认"|"注释"|"坐标"按钮。
④ 命令行：输入"dimordinate"命令。
启动"坐标标注"命令后，其命令行操作如下。

```
命令:_dimordinate    //选择"坐标标注"命令
指定点坐标：    //选择矩形的左上角点
指定引线端点或 [X 基准(X)/Y 基准(Y)/多行文字(M)/文字(T)/角度(A)]：    //确定引线端点
的位置，若想要标注点的 X 坐标，则相对于标注点上下移动光标；若想要标注点的 Y 坐标，则相对于标
注点左右移动光标，AutoCAD 即可按实际测量的值标注点的 X 或 Y 坐标，如图 7-25 所示
```

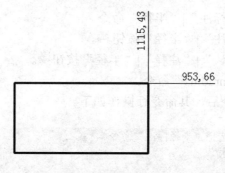

图 7-25 坐标标注

若用户分别执行"X 基准"和"Y 基准"命令，则直接标注的就是点的 X 坐标或 Y 坐标。

若执行其他命令,则确定标注文字或标注文字的旋转角度。

4. 弧长标注

"弧长标注"命令用于测量圆弧或多段线弧线段上的距离。用户执行下面任意一种操作,即可启动"弧长标注"命令。

① 下拉菜单:选择"标注"|"弧长"命令。
② 工具栏:单击"标注"|"弧长"按钮。
③ 功能区:单击"默认"|"注释"|"弧长"按钮。
④ 命令行:输入"dimarc"命令。

启动"弧长标注"命令后,其命令行操作如下。

```
命令:_dimarc   //选择"弧长标注"命令
选择弧线段或多段线圆弧段:  //选择圆弧
指定弧长标注位置或 [多行文字(M)/文字(T)/角度(A)/部分(P)/引线(L)]:  //确定尺寸线的
位置,如图7-26所示
标注文字 = 361.68
```

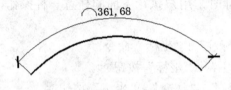

图 7-26 弧长标注

圆弧符号(也称为"帽子"或"盖子")显示在标注文字的上方或前方,可以使用"标注样式管理器"指定位置样式,也可以在"新建标注样式"对话框或"修改标注样式"对话框的"符号和箭头"选项卡中更改位置样式。

5. 半径标注和折弯标注

"半径标注"命令用于标注圆或圆弧的半径尺寸。用户执行下面任意一种操作,即可启动"半径标注"命令。

① 下拉菜单:选择"标注"|"半径"命令。
② 工具栏:单击"标注"|"半径"按钮。
③ 功能区:单击"默认"|"注释"|"半径"按钮。
④ 命令行:输入"dimradius"命令。

启动"半径标注"命令后,其命令行操作如下。

```
命令:_dimradius   //选择"半径标注"命令
选择圆弧或圆:  //选择圆弧
标注文字 = 132.84
指定尺寸线位置或 [多行文字(M)/文字(T)/角度(A)]:  //确定尺寸线的位置
```

"折弯标注"命令主要用于标注圆弧半径过大,或者圆心无法在当前布局中进行显示的圆弧。用户执行下面任意一种操作，即可启动"折弯标注"命令。

① 下拉菜单：选择"标注"|"折弯"命令。
② 工具栏：单击"标注"|"折弯"按钮 。
③ 功能区：单击"默认"|"注释"|"折弯"按钮 。
④ 命令行：输入"dimjogged"命令。

启动"折弯标注"命令后，其命令行操作如下。

```
命令：_dimjogged    //选择"折弯标注"命令
选择圆弧或圆：    //选择圆弧
指定图示中心位置：    //在图中所示的位置确定图示中心位置
标注文字 = 132.84
指定尺寸线位置或 [多行文字(M)/文字(T)/角度(A)]：    //确定尺寸线的位置
指定折弯位置：    //确定折弯位置，如图7-27所示
```

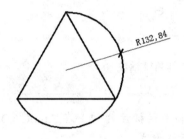

图 7-27　半径标注和折弯标注

6. 直径标注和角度标注

使用"直径标注"命令可以标注圆和圆弧图形的直径，其操作也基本相似。用户执行下面任意一种操作，即可启动"直径标注"命令。

① 下拉菜单：选择"标注"|"直径"命令。
② 工具栏：单击"标注"|"直径"按钮 。
③ 功能区：单击"默认"|"注释"|"直径"按钮 。
④ 命令行：输入"dimdiameter"命令。

启动"直径标注"命令后，其命令行操作如下。

```
命令：_dimdiameter    //选择"直径标注"命令
选择圆弧或圆：    //选择圆
标注文字 = 40
指定尺寸线位置或 [多行文字(M)/文字(T)/角度(A)]：    //确定尺寸线的位置
```

"角度标注"命令可以用来测量圆的两条半径间的角度、圆弧所对应的包含角或两条非平行直线之间的夹角等。用户执行下面任意一种操作，即可启动"角度标注"命令。

① 下拉菜单：选择"标注"|"角度"命令。
② 工具栏：单击"标注"|"角度"按钮 。

③ 功能区：单击"默认"|"注释"|"角度"按钮△。
④ 命令行：输入"dimordinate"命令。
启动"角度标注"命令后，其命令行操作如下。

```
命令：_dimordinate    //选择"角度标注"命令△
选择圆弧、圆、直线或 <指定顶点>：    //选择圆弧
指定标注弧线位置或 [多行文字(M)/文字(T)/角度(A)/象限点(Q)]：    //确定尺寸线的位置，如图7-28所示
标注文字 = 90
```

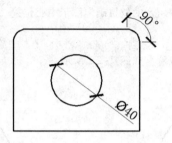

图 7-28 直径标注和角度标注

> **提示** 在建筑工程设计图中有直径标注和半径标注两种，在 AutoCAD 中可以通过修改标注样式来设置直径和半径的标注形式。

在"标注样式管理器"对话框中，单击"修改"按钮，弹出"修改标注样式:ISO-25"对话框，选择"文字"选项卡，如图 7-29 所示。选中"文字对齐"选项区域中的"ISO 标准"单选按钮，如图 7-30 所示，单击"确定"按钮，返回"标注样式管理器"对话框，单击"关闭"按钮，修改标注的样式如图 7-31（b）所示。

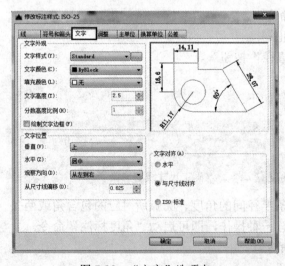

图 7-29 "文字"选项卡

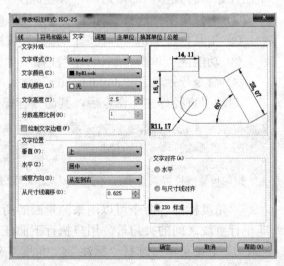

图 7-30 "文字对齐"选项区域

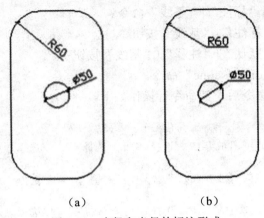

（a） （b）

图 7-31 直径和半径的标注形式

7. 创建圆心标记和中心线

"圆心标记"命令用来标注圆或圆弧的中心位置，用户执行下面任意一种操作，即可启动"圆心标记"命令。

① 下拉菜单：选择"标注"|"圆心标记"命令。
② 工具栏：单击"标注"|"圆心标记"按钮⊙。
③ 功能区：单击"默认"|"注释"|"圆心标记"按钮⊙。
④ 命令行：输入"dimcenter"命令。

启动"圆心标记"命令后，其命令行操作如下。

```
命令：_dimcenter       //选择"圆心标记"命令⊙
选择圆弧或圆：          //选择如图 7-32 所示的圆或圆弧
选择圆弧或圆：          //按"Enter"键结束命令
```

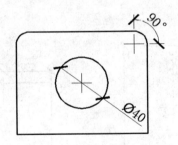

图 7-32 创建圆心标记和中心线

8. 基线标注和连续标注

在设计标注时，可能需要创建一系列标注，这些标注都是从同一个基准面或基准引出的。在标注对象之前，在图形中必须有已标注的线性标注、对齐标注、坐标标注或角度标注等作为基准标注。

当用户需要创建基线标注时，可参照下面任意一种操作方式来启动"基线标注"命令。

① 下拉菜单：选择"标注"|"基线"命令。
② 工具栏：单击"标注"|"基线"按钮。
③ 功能区：单击"默认"|"注释"|"基线"按钮。
④ 命令行：输入"dimbaseline"命令。

启动"基线标注"命令后，其命令行操作如下。

```
命令：_dimbaseline    //选择"基线标注"命令
指定第二条尺寸界线原点或 [放弃(U)/选择(S)] <选择>：  //选择 B 点
标注文字 = 200
指定第二条尺寸界线原点或 [放弃(U)/选择(S)] <选择>：  //选择 C 点
标注文字 = 300
指定第二条尺寸界线原点或 [放弃(U)/选择(S)] <选择>：  //选择 D 点
选择基准标注：   //按"Enter"键结束命令，如图 7-33（a）所示
```

当要创建连续标注时，用户可通过下面任意一种操作来启动"连续标注"命令。

① 下拉菜单：选择"标注"|"连续"命令。
② 工具栏：单击"标注"|"连续"按钮。
③ 功能区：单击"默认"|"注释"|"连续"按钮。
④ 命令行：输入"dimcontinue"命令。

启动"连续标注"命令后，其命令行操作如下。

```
命令：_dimcontinue    //选择"连续标注"命令
指定第二条尺寸界线原点或 [放弃(U)/选择(S)] <选择>：  //选择 B 点
标注文字 = 100
指定第二条尺寸界线原点或 [放弃(U)/选择(S)] <选择>：  //选择 C 点
标注文字 = 100
指定第二条尺寸界线原点或 [放弃(U)/选择(S)] <选择>：  //选择 D 点
选择连续标注：   //按"Enter"键结束命令，如图 7-33（b）所示。
```

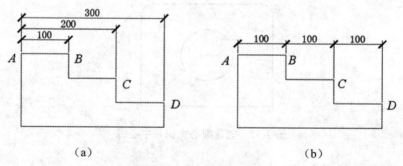

图 7-33 基线标注和连续标注

> **提示**　选择基线标注，如图 7-33（a）所示。两个尺寸标注之间的间距可在"标注样式"对话框中的"基线间距"中进行设置。

9. 快速标注

利用"快速标注"命令，可以快速创建或编辑基线标注和连续标注，以及为圆或圆弧创建标注。用户可以一次选择多个对象，AutoCAD 将自动完成所选对象的标注。

用户执行下面的任意一种操作，即可启动"快速标注"命令。

① 下拉菜单：选择"标注"|"快速标注"命令。
② 工具栏：单击"标注"|"快速标注"按钮。
③ 功能区：单击"默认"|"注释"|"快速标注"按钮。
④ 命令行：输入"dimordinate"命令。

启动"快速标注"命令后，其命令行操作如下。

```
命令：_qdim          //选择"快速标注"命令
关联标注优先级 = 端点
选择要标注的几何图形：指定对角点：找到 3 个   //利用交叉窗口框选要标注的图形
选择要标注的几何图形：   //按"Enter"键
指定尺寸线位置或 [连续(C)/并列(S)/基线(B)/坐标(O)/半径(R)/直径(D)/基准点(P)/编辑(E)/设置(T)] <连续>：   //确定尺寸线的位置
选择要标注的几何图形：   //按"Enter"键结束命令，结果如图 7-34 所示
```

图 7-34 快速标注

各主要选项说明如下。

(1) 并列（S）：按照并列的方式对所选对象进行标注。
(2) 基线（B）：按照基线标注的方式标注各尺寸。
(3) 坐标（O）：分别标注出选定对象中所有节点的 X 坐标或 Y 坐标。
(4) 半径（R）：自动测量并标注选定的多个圆和圆弧的半径。
(5) 直径（D）：自动测量并标注选定的多个圆和圆弧的直径。
(6) 基准点（P）：为连续或基线标注指定新的基准点，将以新的基准点进行标注。
(7) 编辑（E）：指定要删除或添加的标注点。
(8) 设置（T）：设定关联标注时端点和交点的优先级别。

 提示　"快速标注"命令特别适合基线标注、连续标注以及一系列圆的半径、直径的标注。

10. 引线标注

在 AutoCAD 中，使用"引线标注"命令可以快速创建引线和引线注释，而且引线和

注释可以有多种格式。

在命令行输入"qleader"命令，按"Enter"键。

```
命令：qleader    //在命令行输入"qleader"命令
指定第一个引线点或 [设置(S)] <设置>：  //指定引线起点，或者选择"设置"选项
指定下一点：  //指定引线第二点
指定下一点：  //指定引线第三点，确定文字标注的位置
指定文字宽度 <0>：   //指定要标注文字的宽度
输入注释文字的第一行 <多行文字(M)>：%%c30    //开始输入文字，也可选择标注多行文字
输入注释文字的下一行：  //按"Enter"键结束命令
```

执行"qleader"命令的过程中，系统提示：

```
指定第一个引线点或 [设置(S)] <设置>：
```

输入"s"并单击"确定"按钮，将打开"引线设置"对话框，如图 7-35 所示。

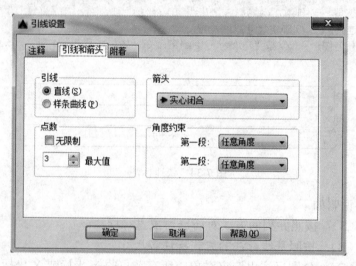

图 7-35　"引线设置"对话框

在"引线设置"对话框中选择"引线和箭头"选项卡，可以设置引线的效果，其中主要选项说明如下。

（1）引线：在该区域可以设置引线的类型，包括"直线"和"样条曲线"两种。

（2）箭头：在下拉列表中可以选择引线起始点处的箭头样式。

（3）点数：设置引线点的最多数目。

（4）角度约束：在该区域可以设置第一条引线与第二条引线的角度限度。

用户可根据需要输入一行或多行注释文字，最后在"输入注释文字的下一行："提示下，直接按"Enter"键或"Esc"键结束"引线标注"命令，AutoCAD 将按照指定的引线点及注释文字创建引线标注，如图 7-36 所示。

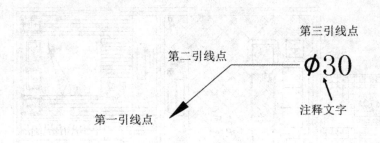

图 7-36　创建引线标注

7.2.3　做中学

（1）打开图形文件。选择"文件"|"打开"命令，弹出"选择文件"对话框，打开"第 7 章\效果文件\标注住宅地面装修户型图房间面积.dwg"文件。选择"另存为"命令，将图形存储为"标注住宅平面图尺寸.dwg"。

（2）单击"图层"工具栏中的"图层控制列表"按钮，在展开的下拉列表中，将"标注"图层设为当前层。

（3）选择"线性标注"命令 ，标注平面图左侧的尺寸，命令行操作如下。

```
命令：_dimlinear  //选择"线性标注"命令↵
指定第一个尺寸界线原点或 <选择对象>：//在端点处指定第一个尺寸界线原点
指定第二条尺寸界线原点：//在端点处指定第二个尺寸界线原点
创建了无关联的标注。
指定尺寸线位置或[多行文字(M)/文字(T)/角度(A)/水平(H)/垂直(V)/旋转(R)]：//指定尺寸线位置
标注文字 = 1500  //线性标注的效果如图 7-36 所示
```

（4）选择"连续标注"命令 ，以刚标注的线性尺寸作为基准尺寸，继续标注左侧的细部尺寸，如图 7-36 所示，命令行操作如下。

```
命令：_dimcontinue  //选择"连续标注"命令↵
指定第二条尺寸界线原点或 [放弃(U)/选择(S)] <选择>：  //指定第二条尺寸界线原点
标注文字 = 1200  //系统自动显示标注结果
指定第二条尺寸界线原点或 [放弃(U)/选择(S)] <选择>：
标注文字 = 1200  //系统自动显示标注结果
指定第二条尺寸界线原点或 [放弃(U)/选择(S)] <选择>：
标注文字 = 100  //系统自动显示标注结果
指定第二条尺寸界线原点或 [放弃(U)/选择(S)] <选择>：
标注文字 = 200  //系统自动显示标注结果
指定第二条尺寸界线原点或 [放弃(U)/选择(S)] <选择>：
标注文字 = 900  //系统自动显示标注结果
指定第二条尺寸界线原点或 [放弃(U)/选择(S)] <选择>：
选择连续标注：//按"Enter"键结束命令
```

利用夹点编辑的方法，将标注为 100 和 200 的数字移动位置，效果如图 7-37 所示。

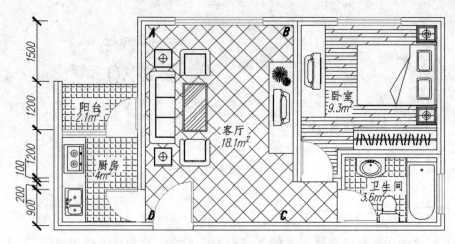

图 7-37　数字移动位置效果

（5）参照上述操作，综合使用"线性标注" 和"连续标注"命令 ，分别标注平面图的其他尺寸，效果如图 7-38 所示。

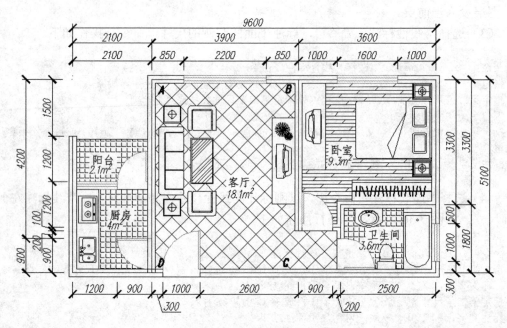

图 7-38　标注平面图的最终效果

7.3　编辑尺寸标注

7.3.1　本节任务

标注浴缸图形，利用"标注间距"命令 修改标注的间距，如图 7-39 所示。

第7章 标注图形尺寸

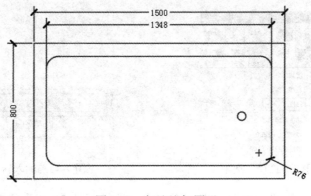

图 7-39 标注浴缸图形

7.3.2 背景知识

通过修改标注样式,可以对所有使用对应样式的标注进行修改。另外,也可以单独修改某个标注对象的尺寸界线、文字等。

1. 修改标注文字

使用"编辑标注"命令,可以对尺寸界线、标注文字进行倾斜和旋转处理,也可以对标注文字进行编辑。

启动"编辑标注"命令,可使用以下两种方法。

① 工具栏:单击"标注"|"编辑标注"按钮 。
② 命令行:输入"dimedit"命令。

【修改标注文字举例】编辑轴标注,如图 7-40 所示。

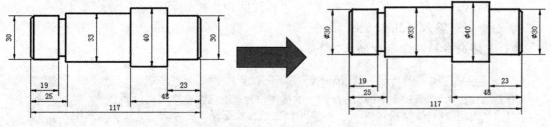

图 7-40 编辑轴标注

具体操作步骤如下。

(1) 打开"轴.dwg"素材文件。在命令行中执行"dimedit"命令,命令行将提示"输入标注编辑类型 [默认(H)/ 新建(N)/ 旋转(R)/ 倾斜(O)] <默认>:"信息,并弹出快捷菜单,在此选择"新建"选项,如图 7-41 所示。

(2) 打开"文字编辑器"选项卡,在其中进行相应设置,如图 7-42 所示,在"文字"输入框中输入新的标注文字,如图 7-43 所示。

图 7-41 选择"新建"选项

图 7-42 选择"直径"选项

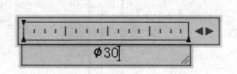

图 7-43 输入新的标注文字

（3）关闭文字编辑器功能区，根据系统提示选择标注 30 作为修改对象，即可将标注文字修改为输入的内容。

（4）使用同样的方法对其他尺寸进行修改。

使用"dimedit"命令编辑标注尺寸时，其中各选项说明如下。

（1）默认：将旋转标注文字移回默认位置。

（2）新建：使用"文字编辑器"修改编辑标注文字。

（3）旋转：可对已标注的文本按指定的角度进行旋转。

（4）倾斜：可调整线性尺寸标注中尺寸界线的角度。

2. 修改标注间距

"标注间距"命令用于调整线性标注或角度标注之间的间距，该命令仅适用于平行的线性标注或共用一个顶点的角度标注。

启动"标注间距"命令，可使用以下 3 种方法。

① 下拉菜单：选择"标注"|"标注间距"命令。

② 功能区：单击"注释"|"标注"|"标注间距"按钮 。

③ 命令行：输入"dimspace"命令。

执行上述命令后，命令行操作如下。

```
命令：_dimspace          //选择"标注间距"命令
选择基准标注：          //选择图中标注为 117 的标注作为基准标注
选择要产生间距的标注：找到 4 个    //利用圈交的方式选择标注为 19、25、23、48 的标注
选择要产生间距的标注：    //按"Enter"键结束选择
输入值或 [自动(A)] <自动>：10   //输入标注间距的距离值，如图 7-44 所示
```

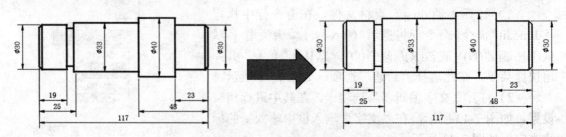

图 7-44 修改标注的间距

3. 标注打断

"标注打断"命令可以将标注对象以某一对象为参照点或以指定点打断，使标注效果更清晰。

用户执行下面的任意一种操作，即可启动"标注打断"命令。

① 下拉菜单：选择"标注"|"标注打断"命令。
② 工具栏：单击"标注"|"标注打断"按钮 。
③ 功能区：单击"注释"|"标注"|"标注打断"按钮 。
④ 命令行：输入"dimbreak"命令。

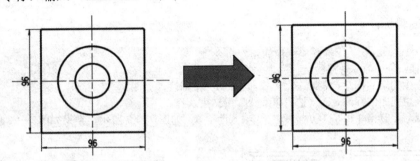

图 7-45　编辑底座轮廓图标注

执行上述命令后，命令行操作如下。

```
命令：_dimbreak    //选择"标注打断"命令
选择要添加/删除打断的标注或 [多个(M)]：   //选择标注 96
选择要打断标注的对象或 [自动(A)/手动(M)/删除(R)] <自动>：   //选择点画线，效果如图 7-45 所示
```

各选项说明如下。

（1）自动（A）：自动将折断标注放置在与选定标注相交的对象位置。

（2）删除（R）：用于删除已替代的尺寸变量，恢复到原来状态。该选项只对已替代的尺寸才有效。选取该选项，其命令行操作如下。

```
选择对象：    //选择要删除替代的对象
选择对象：    //按"Enter"键结束命令
```

7.3.3　做中学

（1）打开"浴缸.dwg"素材文件，如图 7-46 所示。

（2）标注尺寸。选择"线性标注"命令 和"半径标注"命令 ，对浴缸进行标注，如图 7-47 所示。

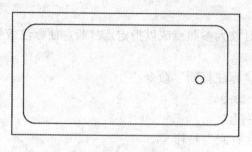
图 7-46 浴缸图形
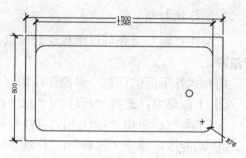
图 7-47 进行标注

(3)编辑标注。

```
命令:_dimspace   //选择"标注间距"命令
选择基准标注：    //选择线性标注，如图 7-48 所示
选择要产生间距的标注:找到 1 个   //选择另一个标注，如图 7-49 所示
选择要产生间距的标注：  //按"Enter"键结束选择
输入值或 [自动(A)] <自动>: A  //输入选项 A，如图 7-50 所示，结果如图 7-51 所示
```

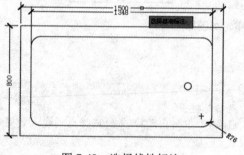
图 7-48 选择线性标注

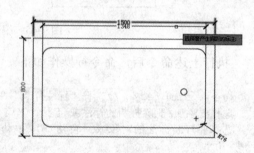
图 7-49 选择另一个标注

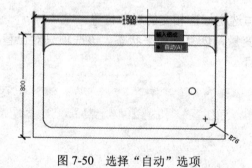
图 7-50 选择"自动"选项

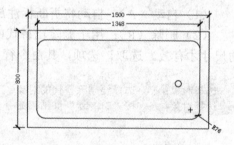
图 7-51 调整标注间距

7.4 课堂练习——标注天花板大样图材料名称

选择"文件"|"打开"命令，打开"第 7 章\素材文件\天花板大样图.dwg"文件，选择"引线标注"命令，标注天花板材料名称，如图 7-52 所示。

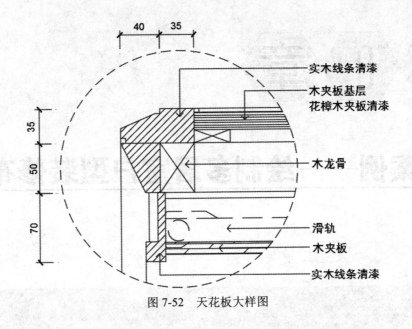

图 7-52　天花板大样图

7.5　课后习题——标注行李柜立面图

选择"文件"|"打开"命令，打开"第 7 章\素材文件\行李柜立面图.dwg"文件，利用"线性"命令、"连续"命令和"基线"命令对其进行尺寸标注，如图 7-53 所示。

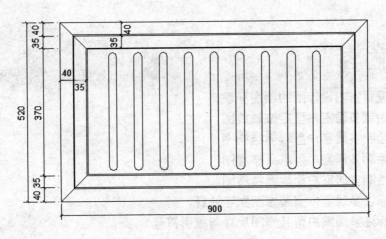

图 7-53　行李柜立面图

第 8 章

综合案例——绘制多居室户型装修布置图

学习目标

　　掌握室内设计绘图样板文件的制作方法和技巧，为后续绘制室内设计图纸奠定基础；了解室内装修布置图的形成、功能、图示内容；掌握室内装修布置图的绘制方法和技巧。

主要内容

- 设置室内设计图的绘图环境。
- 绘制多居室户型定位轴线图。
- 绘制多居室户型墙体结构图。
- 绘制多居室户型家具布置图。
- 绘制多居室户型地面材质图。
- 标注多居室户型装修图文字注释。
- 标注多居室户型装修图尺寸与投影符号。

8.1 【实训1】设置室内设计图的绘图环境

1. 实训目的

通过本实训项目，掌握样板文件绘图环境的设置技能，具体实训目的如下。
（1）掌握样板文件图形单位的设置技能。
（2）掌握样板文件图形界限的设置技能。
（3）掌握样板文件捕捉追踪的设置技能。
（4）掌握样板文件图层及其特性的设置技能。
（5）掌握样板文件常用绘图样式的设置技能。

2. 实训要求

新建空白文件，然后设置绘图单位、图形界限、捕捉与追踪模式及常用系统变量等，具体要求如下。
（1）启动 AutoCAD 程序，新建空白文件。
（2）使用"单位"命令设置绘图单位与精度。
（3）使用"图形界限"命令设置绘图界限。
（4）使用"草图设置"命令设置捕捉与追踪模式。
（5）使用"图层特性管理器"对话框创建图层。
（6）使用"多线样式"命令创建窗线和墙线样式。
（7）使用"文字样式"命令设置文字样式。
（8）使用"标注样式"命令设置尺寸箭头和标注样式。

3. 完成实训

（1）创建图形文件。选择"保存"命令，将当前文件存储为"室内设计样板.dwt"。
（2）选择"格式"|"单位"命令，设置单位和精度，如图 8-1 所示。
（3）选择"格式"|"图形界限"命令，设置图形界限。

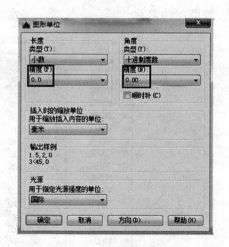

图 8-1　设置单位和精度

```
命令：'_limits    //选择"格式"|"图形界限"命令
重新设置模型空间界限：
指定左下角点或 [开(ON)/关(OFF)] <0.0,0.0>：    //使用默认选项
指定右上角点 <420.0,297.0>：59400,42000    //输入图形界限的右上角坐标
```

（4）选择"视图"|"缩放"|"全部"命令，将设置的图形界限最大化显示。

（5）选择"工具"|"绘图设置"命令，打开"草图设置"对话框。选择"对象捕捉"选项卡，参数设置如图8-2所示；选择"极轴追踪"选项卡，参数设置如图8-3所示。

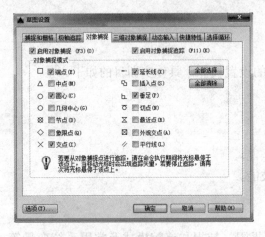 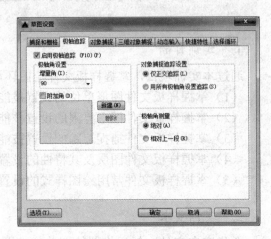

图8-2 设置对象捕捉模式　　　　　　　　图8-3 设置追踪参数

（6）输入系统变量"lts"，以调整线型的显示比例。

```
命令：lts    //输入系统变量 lts
LTSCALE 输入新线型比例因子 <1.0000>: 100  //输入比例因子
正在重生成模型
```

（7）单击"图层特性管理器"按钮，打开"图层特性管理器"对话框，新建图层，设置图层的名称、颜色、线型、线宽，如图8-4所示。

图8-4 设置图层

（8）选择"格式"|"多线样式"命令，打开"多线样式"对话框。单击"新建"按钮，打开"创建新的多线样式"对话框，设置"新样式名"为"墙线样式"，单击"继续"按钮，在打开的"新建多线样式：墙线样式"对话框中进行设置后，单击"确定"按钮，如图8-5和图8-6所示。

第 8 章 综合案例——绘制多居室户型装修布置图

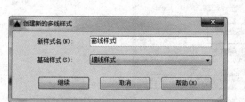

图 8-5 为新样式命名

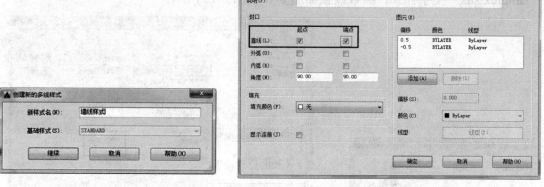

图 8-6 "新建多线样式：墙线样式"对话框

（9）参照上述步骤，新建"窗线样式"，如图 8-7～图 8-9 所示。

图 8-7 窗线样式　　　　　　　　　　图 8-8 设置窗线样式的封口形式

图 8-9 窗线样式预览

207

(10) 选择"格式"|"文字样式"命令,打开"文字样式"对话框。新建"仿宋体" "simplex.shx"文字样式,参数设置如图 8-10~图 8-12 所示。

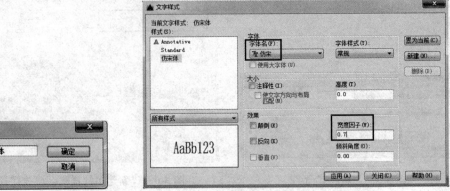

图 8-10 为新样式命名　　　　图 8-11 设置仿宋体样式

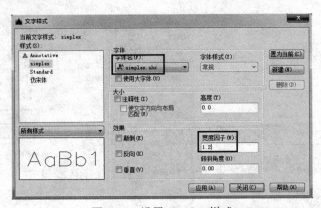

图 8-12 设置 simplex 样式

(11) 选择"格式"|"标注样式"命令,打开"创建新标注样式"对话框,新建"建筑标注"样式,参数设置如图 8-13~图 8-19 所示。

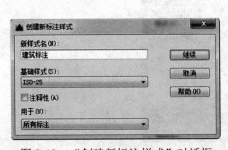

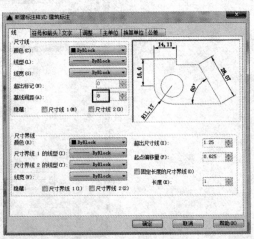

图 8-13 "创建新标注样式"对话框　　　　图 8-14 设置线参数

第 8 章 综合案例——绘制多居室户型装修布置图

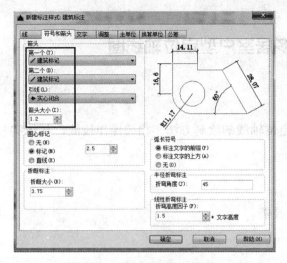

图 8-15 设置符号和箭头参数

图 8-16 设置文字参数

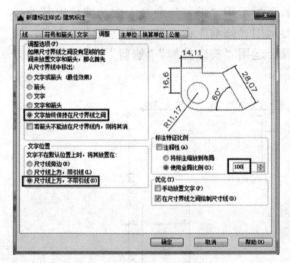

图 8-17 设置调整参数

图 8-18 设置主单位参数

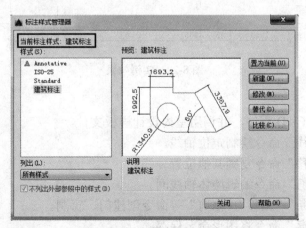

图 8-19 建筑标注样式预览

8.2 【实训2】绘制多居室户型定位轴线图

1. 实训目的

通过本实训项目,掌握多居室户型墙体定位轴线的绘制方法和相关操作技能,具体实训目的如下。

(1) 掌握样板文件的调用技能。
(2) 掌握在轴线层绘制纵横轴线的技能。
(3) 掌握在纵横轴线上创建门、窗洞的技能。

2. 实训要求

本实训按照"绘制轴线网"|"编辑轴线网"|"在轴线上打洞"三大操作流程绘制轴线图。在绘制轴线网时首先绘制定位轴线,然后巧妙运用"偏移"命令,成功偏移出其他各位置的轴线。在编辑平面图的轴线网时,主要运用"修剪"命令和"夹点拉伸"方式,快速定位墙体的具体位置。在开门、窗洞时,综合运用"夹点拉伸""修剪""打断"3种方式。本实训最终效果如图 8-20 所示。

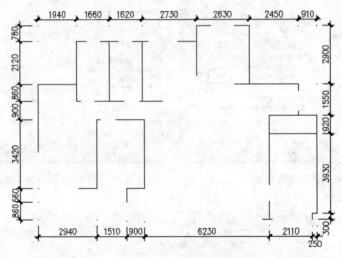

图 8-20 实例效果

具体要求如下。
(1) 启动 AutoCAD 程序,并调用室内设计样板文件。
(2) 使用"直线"命令绘制定位轴线。
(3) 使用"偏移"命令复制其他位置轴线。
(4) 使用"修剪"命令编辑墙体轴线网。
(5) 使用"打断""偏移""修剪"等命令创建门、窗洞。
(6) 使用"保存"命令将图形命名保存。

第8章 综合案例——绘制多居室户型装修布置图

3. 完成实训

（1）打开图形文件。选择"文件"|"打开"命令，打开"第8章\效果文件\室内设计样板.dwt"图形文件。选择"文件"|"另存为"命令，将图形另存为"绘制多居室户型定位轴线图.dwg"。

（2）选择"格式"|"图形界限"命令，将制图范围设置为25 000×15 000，并最大化显示图形界限。

```
命令：'_limits   //选择"图形界限"命令
重新设置模型空间界限：
指定左下角点或 [开(ON)/关(OFF)] <0.0,0.0>：
指定右上角点 <420.0,297.0>: 25000,15000
```

（3）选择"格式"|"线型"命令，加载线型，在打开的"线型管理器"对话框中设置线型比例，如图8-21所示。

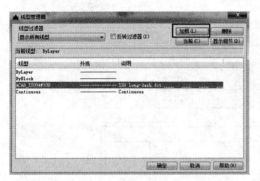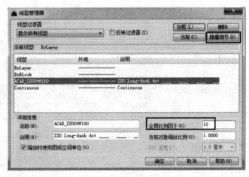

图8-21 设置线型比例

（4）选择"格式"|"图层"命令，在打开的"图层特性管理器"对话框中，将"轴线层"设置为当前图层。

（5）选择"直线"命令 ✎，绘制4条垂直相交的直线作为定位轴线，如图8-22所示。

```
命令：_line 指定第一点：   //选择"直线"命令 ✎
指定下一点或 [放弃(U)]: 13940   //水平输入13940
指定下一点或 [放弃(U)]: 5150    //垂直输入5150
指定下一点或 [闭合(C)/放弃(U)]: 13940   //水平输入13940
指定下一点或 [闭合(C)/放弃(U)]: c    //输入选项c
```

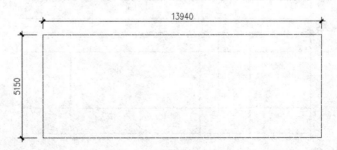

图8-22 绘制定位轴线

(6)选择"偏移"命令 偏移轴线,效果如图 8-23 所示。

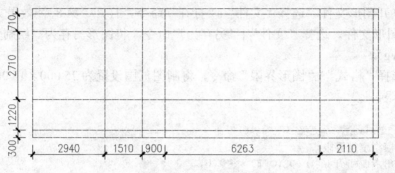

图 8-23　偏移轴线

(7)选择"偏移"命令 偏移水平线,效果如图 8-24 所示。选择"直线"命令 ,绘制直线 AB,偏移垂直线的效果如图 8-25 所示。

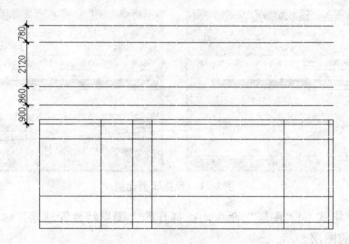

图 8-24　偏移水平线

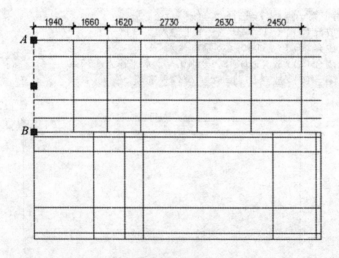

图 8-25　偏移垂直线

（8）选择"修剪"命令 ⊢，效果如图8-26所示。

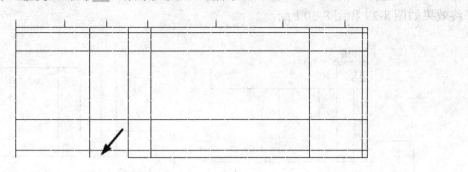

图8-26 修剪效果（1）

（9）重复选择"修剪"命令 ⊢，分别对其他位置的水平轴线和垂直轴线进行修剪，修剪掉多余的线段，效果如图8-27所示。

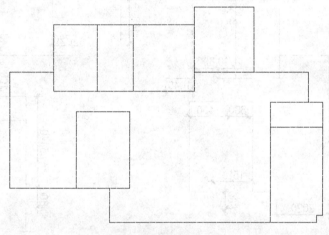

图8-27 修剪效果（2）

（10）创建门窗洞。在无命令执行的前提下，选择直线，呈夹点编辑的状态，如图8-28（a）所示。单击左侧夹点，在"拉伸"提示下，水平向右移动2020，如图8-28（b）所示。按"Esc"键取消夹点编辑，效果如图8-28（c）所示。

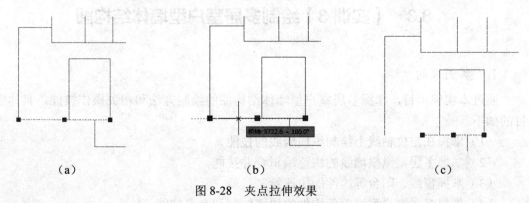

图8-28 夹点拉伸效果

（11）选择"偏移"命令和"修剪"命令，分别创建其他位置的门窗洞口，最终效果如图8-29和图8-30所示。

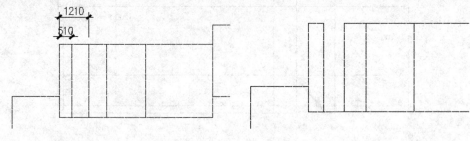

图8-29 修剪效果（3）

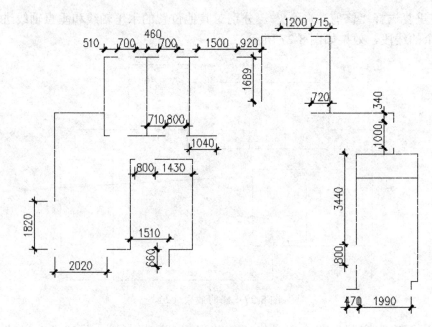

图8-30 在轴线上打洞效果

8.3 【实训3】绘制多居室户型墙体结构图

1. 实训目的

通过本实训项目，掌握多居室户型墙体结构图的绘制方法和相关操作技能，具体实训目的如下：

（1）掌握在定位轴线上绘制纵横墙线的技能。
（2）掌握多居室纵横墙线的快速编辑合并技能。
（3）掌握窗线、阳台等构件的快速绘制技能。
（4）掌握多居室户型平面门构件的快速绘制和布置技能。

2. 实训要求

本实训按照"绘制墙线"|"绘制窗线和阳台"|"布置平面门"三大操作流程绘制墙体结构图,使用样板图中的墙线样式绘制纵横墙线,使用窗线样式绘制平面窗和阳台构件,使用"创建块""插入块"功能快速绘制户型平面构件。本实训最终效果如图8-31所示。

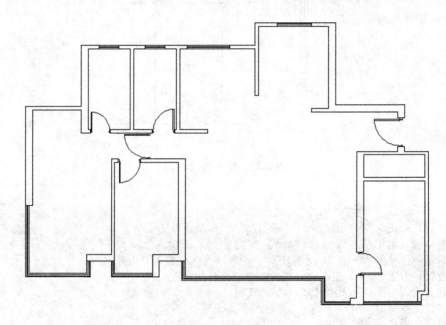

图 8-31 实例效果

具体要求如下。
(1)调用平面图轴线文件并设置当前图层与样式。
(2)使用"多线"和"多线编辑"命令绘制和编辑承重墙与非承重墙。
(3)使用"多线样式"和"多线"命令绘制平面窗及阳台。
(4)使用"插入块"命令布置平面图各位置的平面门。
(5)使用"另存为"命令将图形命名保存。

3. 完成实训

(1)打开图形文件。选择"文件"|"打开"命令,打开"第8章\效果文件\绘制多居室户型定位轴线图.dwg"图形文件。选择"文件"|"另存为"命令,将图形另存为"绘制多居室户型墙体结构图.dwg"。

(2)在"图层"工具栏中的"图层控制"下拉列表中选择"墙线层"选项,将其设置为当前图层。

(3)绘制承重墙。选择"格式"|"多线样式"命令,设置"窗线样式"为当前样式。

(4)选择"多线"命令,根据定位轴线图,配合端点捕捉功能绘制墙线,效果如图8-32所示。

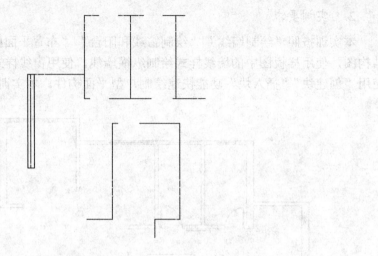

图 8-32　绘制效果（1）

```
命令：_mline  //选择"多线"命令
当前设置：对正 = 上，比例 = 20.00，样式 = 墙线样式
指定起点或 [对正(J)/比例(S)/样式(ST)]： j  //输入选项 j
输入对正类型 [上(T)/无(Z)/下(B)] <上>： z  //输入对正方式
当前设置：对正 = 无，比例 = 20.00，样式 = 墙线样式
指定起点或 [对正(J)/比例(S)/样式(ST)]： s  //输入选项 s
输入多线比例 <20.00>： 240  //输入多线比例
当前设置：对正 = 无，比例 = 240.00，样式 = 墙线样式
指定起点或 [对正(J)/比例(S)/样式(ST)]：  //捕捉端点
指定下一点：  //捕捉端点
指定下一点或 [放弃(U)]：  //按"Enter"键结束命令
```

（5）重复使用"多线"命令，保持多线比例和对正方式不变，配合捕捉功能绘制其他位置的墙线，效果如图 8-33 所示。

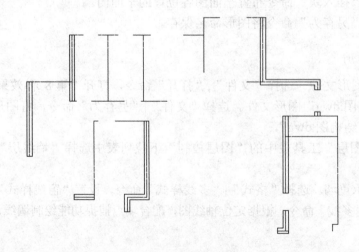

图 8-33　绘制效果（2）

（6）绘制非承重墙。选择"多线"命令，保持多线对正方式不变，配合端点捕捉功能绘制"120"的非承重墙，结果如图 8-34 所示。改变多线对正方式，绘制"120"墙，效果如图 8-35 所示。

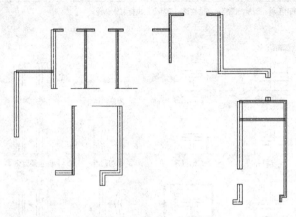

图 8-34　绘制其他非承重墙（多线对正方式不变）

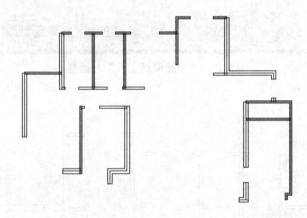

图 8-35　绘制其他非承重墙（多线对正方式改变）

（7）关闭"轴线层"，效果如图 8-36 所示。

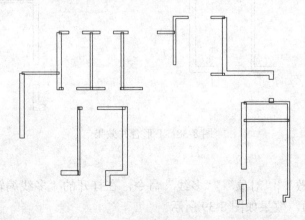

图 8-36　关闭轴线后的显示效果

（8）选择"修改"|"对象"|"多线"命令，在打开的"多线编辑工具"对话框中选择"T形合并"选项，如图 8-37 所示。绘制效果如图 8-38 所示。

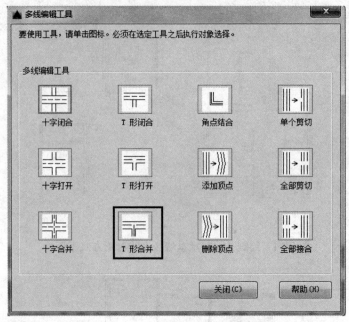

图 8-37 "多线编辑工具"对话框

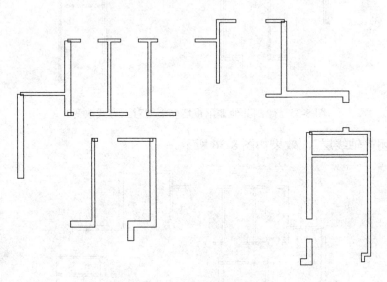

图 8-38 T形合并效果

（9）选择"修改"|"对象"|"多线"命令，在打开的"多线编辑工具"对话框中选择"角点结合"选项，效果如图 8-39 所示。

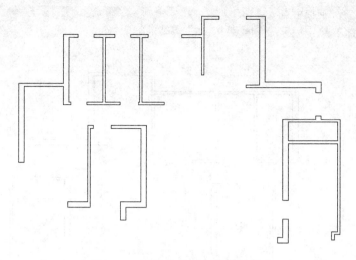

图 8-39　编辑其他拐角墙线效果

（10）绘制平面窗及阳台。选择"格式"|"多线样式"命令，在打开的"多线样式"对话框中选择"窗线样式"为当前样式，如图 8-40 所示。

图 8-40　设置当前样式

（11）将"门窗层"设置为当前图层。选择"绘图"|"多线"命令，配合中点捕捉功能绘制平面图中的窗线，效果如图 8-41 所示。

```
命令：_mline   //选择"多线"命令
当前设置：对正 = 下，比例 = 120.00，样式 = 窗线样式
指定起点或 ［对正(J)/比例(S)/样式(ST)］：j   //输入选项 j
输入对正类型 ［上(T)/无(Z)/下(B)］ <下>：z   //输入对正类型 z
当前设置：对正 = 无，比例 = 120.00，样式 = 窗线样式
指定起点或 ［对正(J)/比例(S)/样式(ST)］：_mid 于   //捕捉中点
```

```
指定下一点：        //捕捉中点
指定下一点或 [放弃(U)]：//按"Enter"键结束命令
```

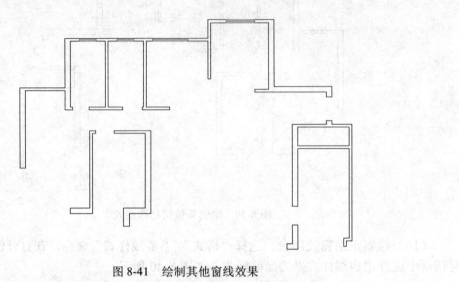

图 8-41 绘制其他窗线效果

（12）重复使用"多线"命令，设置对正方式为"下对正"，配合捕捉和追踪功能绘制多线，效果如图 8-42 所示。

```
命令：_mline  ////输入"多线"命令
当前设置：对正 = 无，比例 = 120.00，样式 = 窗线样式
指定起点或 [对正(J)/比例(S)/样式(ST)]：j  //输入选项 j
输入对正类型 [上(T)/无(Z)/下(B)] <无>：b  //输入对正类型 b
当前设置：对正 = 下，比例 = 120.00，样式 = 窗线样式
指定起点或 [对正(J)/比例(S)/样式(ST)]：   //捕捉端点作为多线的起点
指定下一点：  2480 //垂直输入距离 2480
指定下一点或 [放弃(U)]：  2265        //水平输入距离 2265
指定下一点或 [闭合(C)/放弃(U)]：  540   //垂直输入距离 2265
指定下一点或 [闭合(C)/放弃(U)]：       //按"Enter"键结束命令
```

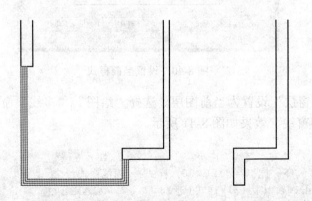

图 8-42 捕捉墙线角点效果

（13）根据图示尺寸，配合捕捉与追踪功能绘制出其他位置的阳台轮廓线，效果如图 8-43 所示。

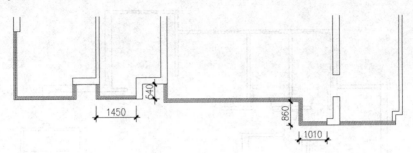

图 8-43　绘制阳台轮廓线

（14）绘制平面门。选择"插入块"命令，插入"单开门"图块，设置参数如图 8-44 所示。捕捉中点，插入门，效果如图 8-45 所示。

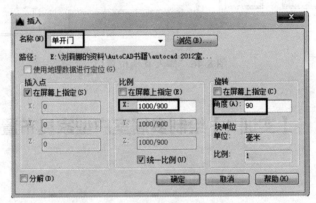

图 8-44　设置参数

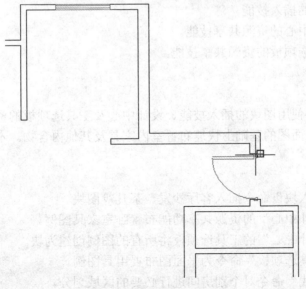

图 8-45　插入门效果

（15）插入其他位置门，效果如图 8-46 所示。

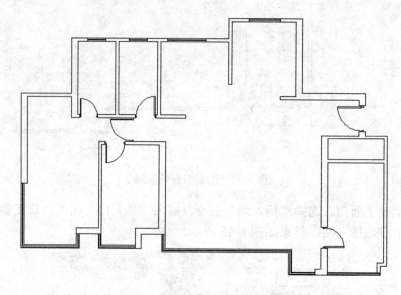

图 8-46　插入其他位置门

8.4 【实训 4】绘制多居室户型家具布置图

1. 实训目的

通过本实训项目，熟练掌握多居室户型家具布置图的快速绘制方法和相关操作技能，具体实训目的如下。

（1）掌握图块的插入技能。
（2）掌握设计中心的资源共享技能。
（3）掌握工具选项板的资源共享技能。

2. 实训要求

本实训要求综合使用图块的插入技能、设计中心及工具选项板的资源共享技能，在多居室户型墙体结构平面图的基础上快速布置室内家具及其他内含物。本实训最终效果如图 8-47 所示。

具体要求如下。

（1）使用"插入块"命令插入客厅沙发、茶几等图块。
（2）使用"设计中心"的资源共享功能布置卧室家具图例。
（3）使用"设计中心"的工具选项板将所有的图例创建为块。
（4）使用"工具选项板"命令为平面图布置用具图例。
（5）使用"直线"命令对个别房间进行必要的区域划分。

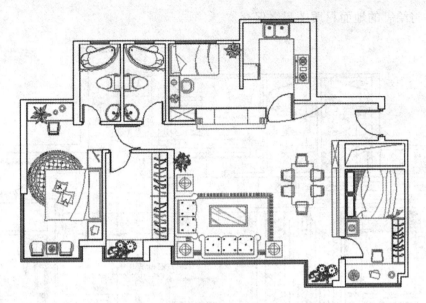

图 8-47　实例效果

（6）综合使用"插入块""修剪""删除"命令对平面布置图进行完善。
（7）将绘制的家具布置图命名保存。

8.5 【实训 5】绘制多居室户型地面材质图

1. 实训目的

通过本实训项目，熟练掌握室内装修地面材质图的绘制方法和相关操作技能，具体实训目的如下。
（1）掌握室内地板材质的快速表达技能。
（2）掌握室内地砖材质的快速表达技能。
（3）掌握填充图案的选择与填充技能。
（4）掌握图层的状态控制技能。

2. 实训要求

本实训要求综合使用图案的快速填充技能及图层的状态控制功能，在多居室户型家具布置图的基础上绘制室内地面装修材质图。本实训最终效果如图 8-48 所示。
具体要求如下。
（1）使用"直线"命令配合捕捉功能封闭填充区域。
（2）使用图层的状态控制功能关闭和冻结与填充无关的复杂图形。
（3）使用"图案填充"命令分别填充地砖和地板装修图案。
（4）使用"快速选择""图案填充编辑"及图层的控制功能编辑和完善地面材质图。

(5) 将绘制的地面材质图另名保存。

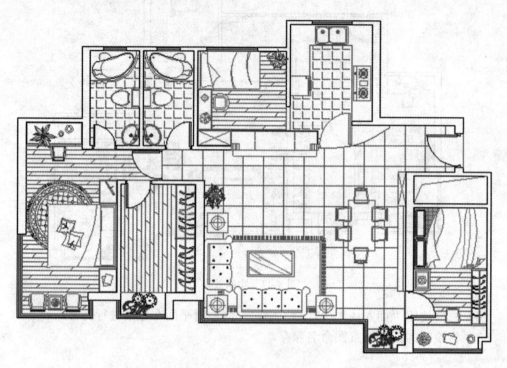

图 8-48 实例效果

8.6 【实训 6】标注多居室户型装修图文字注释

1. 实训目的

通过本实训项目，熟练掌握单行文字、多行文字及引线文字的标注技能，具体实训目的如下。

(1) 掌握单行文字的输入技能。
(2) 掌握面积的查询技能和快速标注技能。
(3) 掌握引线文字注释的快速标注技能。
(4) 掌握文字注释的快速编辑技能。

2. 实训要求

首先打开户型图文件，然后分别标注户型图的各房间功能、使用面积及室内地面装修材质等，最后使用文字及填充图案的编辑技能，对平面图进行修整和完善。本实训最终效果如图 8-49 所示。

第 8 章 综合案例——绘制多居室户型装修布置图

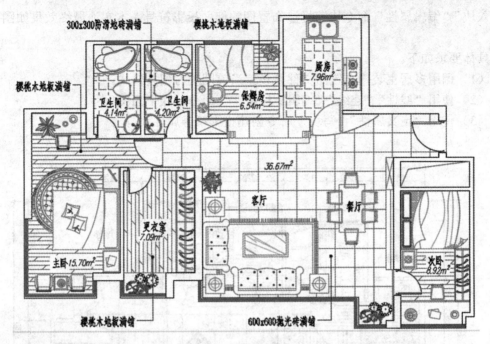

图 8-49 实例效果

具体要求如下。
（1）打开户型图文件并设置当前图层与相关样式。
（2）使用"单行文字"命令标注户型图房间功能。
（3）使用"面积""多行文字""复制""编辑文字"命令标注户型图房间面积。
（4）使用"图案填充编辑"命令对文字注释与地面填充图案进行编辑和完善。
（5）使用"多重引线样式""多重引线"命令标注户型图地面材质注释。
（6）将绘制的图形命名保存。

8.7 【实训 7】标注多居室户型装修图尺寸与投影符号

1. 实训目的

通过本实训项目，熟练掌握装修布置图尺寸的快速标注技能，以及布置图墙面投影符号的巧妙标注与编辑技能，具体实训目的如下。
（1）掌握室内装修布置图尺寸的标注与编辑技能。
（2）掌握室内装修布置图墙面投影属性块的制作技能。
（3）掌握室内装修布置图墙面投影符号的快速标注与编辑技能。

2. 实训要求

首先打开户型装修布置图并标注图像尺寸，接着制作墙面投影符号属性块，最后使用

"插入块""编辑属性"命令快速标注布置图的墙面投影符号。本实训最终效果如图 8-50 所示。

具体要求如下。

（1）调用多居室装修布置图文件并设置当前图层与相关样式。
（2）使用"线性""连续""编辑标注文字"命令标注平面图尺寸。
（3）使用"定义属性""写块"命令创建投影符号属性块。

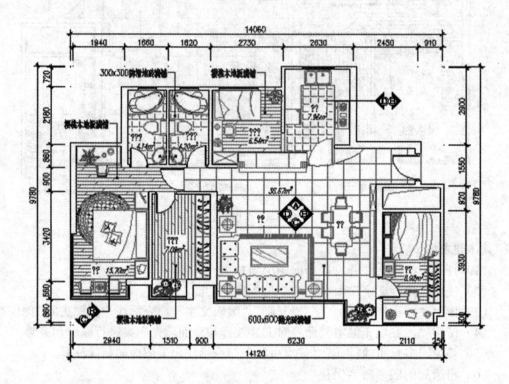

图 8-50　实例效果

（4）使用"插入块""镜像""编辑属性"命令为平面图布置投影符号。
（5）使用"图案填充编辑"命令编辑与完善平面图。
（6）将绘制的图形命名保存。

参考文献

[1] 廖友军. AutoCAD 应用教程[M]. 北京：北京交通大学出版社，2010.
[2] 唐国雄. 边做边学 AutoCAD 2008 室内设计案例教程[M]. 北京：人民邮电出版社，2010.
[3] 史宇宏. 边用边学 AutoCAD 室内设计[M]. 北京：人民邮电出版社，2013.
[4] CAD/CAM/CAE 技术联盟. AutoCAD 2012 中文版室内装潢设计从入门到精通[M]. 北京：清华大学出版社，2011.
[5] 陈东升. AutoCAD 2012 中文版室内设计实例教程. 3 版. [M]. 北京：人民邮电出版社，2014.
[6] 王世宏. 边做边学 AutoCAD 2010 室内设计案例教程[M]. 北京：人民邮电出版社，2014.
[7] 周雄庆. AutoCAD 2010 计算机辅助设计立体化教程[M]. 北京：人民邮电出版社，2015.
[8] 张宪立. AutoCAD 2016 建筑设计实例教程[M]. 北京：人民邮电出版社，2012.
[9] 王茹. AutoCAD 2014 计算机辅助设计（土木类）. 2 版. [M]. 北京：人民邮电出版社，2014.
[10] 邱雅莉. AutoCAD 2016 辅助设计案例教程[M]. 北京：清华大学出版社，2016.
[11] 张亭. AutoCAD 2016 中文版室内装潢设计实例教程[M]. 北京：人民邮电出版社，2017.

反侵权盗版声明

电子工业出版社依法对本作品享有专有出版权。任何未经权利人书面许可,复制、销售或通过信息网络传播本作品的行为;歪曲、篡改、剽窃本作品的行为,均违反《中华人民共和国著作权法》,其行为人应承担相应的民事责任和行政责任,构成犯罪的,将被依法追究刑事责任。

为了维护市场秩序,保护权利人的合法权益,我社将依法查处和打击侵权盗版的单位和个人。欢迎社会各界人士积极举报侵权盗版行为,本社将奖励举报有功人员,并保证举报人的信息不被泄露。

举报电话:(010)88254396;(010)88258888

传　　真:(010)88254397

E-mail:　　dbqq@phei.com.cn

通信地址:北京市万寿路南口金家村 288 号华信大厦

　　　　　电子工业出版社总编办公室

邮　　编:100036